湛庐CHEERS

与最聪明的人共同进化

HERE COMES EVERYBODY

新核心素养系列
New Literacy

人人都该懂的批判性思维
Critical Thinking A Beginner's Guide

[加]
莎伦·M. 凯 著
Sharon M. Kaye

简丁丁 译

浙江人民出版社
ZHEJIANG PEOPLE'S PUBLISHING HOUSE

你了解批判性思维吗?

1. 下列哪些属于直言命题的类型？（多选题）

A. 全称肯定型
B. 全称否定型
C. 特称肯定型
D. 特称否定型

2. 在256种直言三段论中，只有多少种是有效的直言三段论?（单选题）

A. 13
B. 14
C. 15
D. 16

3. 下列哪个类别不属于非形式谬误的一种?（单选题）

A. 相干谬误
B. 不当归纳谬误
C. 歧义性谬误
D. 肯定后件谬误

4. 下列哪种谬误属于相干谬误的类别?（多选题）

A. 诉诸众人
B. 诉诸不当权威
C. 红鲱鱼
D. 诉诸无知
E. 人身攻击

5. 下列哪种谬误不属于歧义性谬误？（单选题）

A. 合成谬误
B. 分解谬误
C. 稻草人谬误
D. 对主项的不当处理

扫码下载湛庐阅读 App，
搜索“人人都该懂的批判性思维”，
获取问题答案。

前 言

逻辑是最强有力的结构

我永远也不会忘记我的第一节逻辑学课程。

那天，我坐在威斯康星大学麦迪逊分校的演讲厅里，窗外阳光明媚，有几缕洒在身上，感觉暖洋洋的。我的周围坐着上百个身穿 T 恤衫和牛仔裤且心不在焉的学生。

埃勒里·埃尔斯（Ellery Ells）教授站在讲台上，告诉我们逻辑是思维的法则。

他的话引起了我的注意，但这仅仅是因为我对于这个观点十分不认同。是什么给他这样的勇气，让他站在这里，传道授业般地告诉我真实是有所限制的，把自己想象成诗人或艺术家。我并不赞同他的理论观点，并坚信创造力是比明晰的思维更重要的东西。对世间事物的想象力是产生幸福感的秘诀，不需要任何规则的束缚。

我在这门课的笔记本上画满了肆意生长的花朵茎蔓，而不是埃尔斯教授那些“不友善”的理念。

但是，因为学校的要求，我上完了埃尔斯教授的全部课程。当我结束这门课时，我明白了：美丽因无序而失其意，逻辑是最强有力的结构。

而现在，我竟已教授他人逻辑学的基础课程“批判性思维”10 年有余了。

我真的很感谢那些像曾经的我对抗埃尔斯教授一样对抗我的学生，也很感谢约翰·卡罗尔大学同意减少我的工作量，让我得以完成本书的撰写工作。我还要感谢特里·布雷德利（Terry Bradley）和伊丽莎白·芬克（Elizabeth Funk），他们四处奔波，才获得了本书中所有事例的引用许可。最后，我要感谢编辑迈克·哈普利（Mike Harpley），是他在本书的出版过程中一直帮助着我。

这本书是献给特里斯等人的，你们都在接下来的内容中扮演了一个角色。

目录

CRITICAL THINKING

引言

做一名批判性思考者

未经检验和证明的洞见不足以为真理的保证。

——伯特兰·罗素

A BEGINNER'S GUIDE

你是否有自己的想法?

这毫无疑问。

提出意见是我们定义自己的方式，也是我们与他人建立“联盟”的方式（例如，我也喜欢那个节目），也是将自己与他人区分开来的方式（例如，那个节目是为傻瓜准备的）。

孩子或许在厌恶（我讨厌豆子）和喜好（我喜欢游泳）方面与父母有所不同，但他们需要一段时间来形成与父母相矛盾的观点。拥有独立的意见是成长的第一个标志。

提出与父母不同的观点在一开始是令人恐惧的，但也会带来令人振奋的刺激感。很多正值青春期的青少年会为了追求这种刺激感而利用每一个机会去表达与他人相反的观点，甚至在他们感到无聊时还会无中生有地制造冲突。

尽管这令人感到厌烦，但是不可否认，拥有自己独立的思考是一件值得赞美的事情。尤其是考虑到家庭、朋友、社交媒体、政府以及宗教信仰对思想会产生潜移默化的影响，在这种情况下，我们每个人仍具有自己独立的思考模式，这真的是一件很神奇的事情。

事实上，每个人都有权利去思考并说出对任何事情的真实看法及其产生的影响和意义。这无疑是现代文明中最伟大的成就之一。生活在欧洲中世纪的人们是不允许反对权威的。但幸好，历史上不断涌现出来勇敢的反抗者使这一情况慢慢发生了改变。然而令人悲哀的是，时至今日，尽管同在这颗蓝色星球上，仍有许多国家的人没有言论自由的权利。

可以表达自己的思想是一件了不起的事情，以致有时人们错误地认为拥有自己的思想就是智力成熟的高级阶段：一旦你形成了独一无二且有趣的观点，就做好准备去面对世界及所有的挑战。

这是一个错误的认知。事实上，拥有自己的思想只是开始的第一步。

因为我们幸运地生活在一个自由的时代，不需要为自己的想法辩护。但是，难道你不想吗？如果你对事情的思考远超过孩童时期的那种单纯的喜好和厌恶，那你应当乐于去捍卫它。

无论身在何处，你的思考都会让你对面临的事情有自己的观点。然而，拥有自己的思想不足以完美地解决待处理的问题，还需要把你的观点转变成一种立场。观点和立场之间的区别就在于立场是用论据去支撑的。

每个人都可举出论据来，但是不可否认，总有一些论据要优于其他的论据。

要想找到一个好的论据，首先必须做的是应用逻辑，因为逻辑是人类思想的基石。虽然人天生就拥有理性的能力，但同时我们也常常会犯各种逻辑性的错误。通过揭示和检验普通推理背后所蕴含的逻辑关系，就可以学会如何更有效地支持自己的观点。

聪明的人每天都在滥用自己的逻辑推理能力。有时候他们这么做是为了更好地控制你，从而得到对他们有利的结果，这在广告宣传领域十分常见。若只是诱导你去购买可口可乐而不是百事可乐倒没什么关系，但是这种控制性的逻辑，还常常应用在一些更重要的环境中，例如法庭上。

来看看下面的总结陈词：

> 各位陪审团的女士们、先生们：
>
> 在过去的几天里，我们已经听到了关于卡桑德拉·托马斯女士被杀一案的证词。她是一家街角食品杂

货店的店主，于7月10日在店里被枪杀。

被告文森特·科克利先生坚持称他毫无犯罪动机。然而，他现在深陷债务纠纷，并且他的前女友证实说他的心理状况不稳定。此外，尽管在一家公司已经工作5年了，但同事都感觉他们并不真的了解科克利先生。

科克利先生的律师让我们相信科克利先生只是一个非常害羞的人，他甚至不敢伤害一只小小的苍蝇。但有一个基本的底线问题是：要么他是一位正直的公民，要么是一名暴力罪犯。一个超过两年都不纳税的人，无论是否害羞，都绝不会被视为正直的公民。

所有人都知道说谎是不好的，然而，科克利先生已然承认，在警察第一次询问他7月10日晚上的去向时，他说谎了。经过进一步的询问，警察得知他当时正在计划去墨西哥旅行，这使他几乎逃脱了逮捕。

尽管科克利先生声称这场旅行是为了帮助那些需要帮助的人修建房屋的一次慈善活动。然而慈善活动的组织者证实，大部分的建筑工人都是有前科的罪犯。这证实了一个著名的理论：一个罪犯通常和其他的罪犯有所联系。

科克利先生声称，7月10日晚上，当他到达托马斯女士的杂货店时，真正的罪犯正在逃离现场，他一直在镇上追那个罪犯，直到最后跟丢了罪犯。然而，我必须

> 提醒，科克利先生已经撒过一次谎了。我们如何才能继续相信他所说的话呢?
>
> 除此之外，犯罪现场调查人员已经确定杀害托马斯女士的罪犯曾戴过证据A中展示过的手套。如果这个手套的大小与科克利先生不符，就可以证明他无罪。然而，正如你们所见，手套的大小和科克利先生的手刚好合适。因此，科克利先生是有罪的，他应被判以最重量刑。

你或许一眼就能看出这篇陈词是有缺陷的，但你是否能找到全部的10个错误呢？你是否可以标出这些错误并解释原因？（答案就在本书的末尾）

这篇陈词是虚构的，你几乎不会在生活中遇到这样逻辑混乱的推理，除非你有阅读减肥广告的习惯。优秀的演讲者和作家都会努力让他们的作品合乎逻辑，此外，还会有编辑和校对去检验这些作品的逻辑性。

真正令我们惊讶的是，逻辑错误通常发生在我们脑海内潜意识的思考中，而不是社会演讲和公众读物中。

举个例子来说，假如你不是上述陪审团中的一员，而是阅读刊载下述内容的报纸的读者：

> 之前有很多人推测在证据A中所展示的手套大小与科克利先生的手并不匹配。然而在今日的庭审过程中，科克利先生同意试戴，更令人惊讶的是，真实情况与之前的推测完全相反，手套的大小和科克利先生的手掌大小一模一样。

当你阅读完这段内容后，脑海中就会出现这样的想法："好吧，如果手套并不合适，那他就是无辜的。但是，现在手套完全合适，那他毫无疑问是有罪的。"

这是一个非常糟糕的逻辑。报纸绝对不会把这样的文章刊登出来，只有最卑鄙的律师才会在大庭广众之下说出这样的话。然而，当我们阅读完上述内容后，这样的逻辑关系可能就会不由自主地在脑海中浮现出来。因为演讲稿和文章会被仔细地校对，但我们的思想不会。

这些未经仔细推敲过的想法是很恐怖的，它会导致我们在生活中情绪低沉，甚至树立一个不那么正确的人生目标，它削弱了我们清晰思考的能力。

如果可以的话，我们应当反复琢磨自己和他人思考的逻辑，也就是所谓的"批判性思维"。

人们有时认为具有批判性思维的思考者就是那些爱批判他人的人，特别是那些不墨守成规的团体，或是一些标榜自己是具有批判性思维的主流思考者团队。他们或许真的具有批判性思维，也可能只是随口一说，这取决于他们如何看待自己的批判性。

真正的批判性思维是应用正确的逻辑去思考事情。通过学习优秀逻辑的基本原理，就不会再轻易地被混乱逻辑所愚弄。同时，你将更容易在重要的问题上提出可靠的观点。本书的目的就是阐述所有你需要的批判性思维技巧。

CRITICAL THINKING

01 什么是论证

高尚的心灵总是会屈从于理性。

——约翰·弗里德里希·冯·席勒

A BEGINNER'S GUIDE

成为批判性思考者的第一步就是学会如何正确看待论证。在日常对话中，论证总是用在生气时的言语交流中，人们通常将论证看作一个十分常见的情况。但是，在学术和专业领域当中，“论证”一词具有其专门的含义。论证是一种提出了有利理由的讨论，是支持你观点最有力的方式，完全不需要感到不愉快。

标准形式

为了鉴别和学习论证，我们需要按照标准形式（standard form）来重写论证。标准形式是确定论证步骤的简要体系。下述就是最常见的一种标准形式：[①]

① 用横线来区分标准形式内的前提和结论，横线上方的内容为前提，下方的内容为结论。

1. 第一个原因是……

2. 第二个原因是……

---

3. 综上所述，结论是……

一个论证可以由任意数量的前提来得到一个结论，也可以包含一系列子结论。子结论是一种可以推出更高层次结论的前提结论，也可以被称作小结。例如：

1. 混合动力汽车的效率最高。

2. 效率最高的汽车最省钱。

---

3. 因此，混合动力汽车是最省钱的汽车。

4. 我应该买最省钱的汽车。

---

5. 综上所述，我应该买混合动力汽车。

第三步的内容在这个论证的标准形式中就是小结，通常会用“因此”或是“所以”这样的词语来作为小结的标志，而不会选择“综上所述”，因为在这之后还有相关的讨论，这并不是论证的最后一步。

尽管论证无处不在，但它们仍让人难以辨别，这主要是因为作者几乎从不将他们的论证过程以这种标准形式展现出来，而是将论证“藏”在冗长的阐述中，让读者来判断哪些是前提，哪些是结论。

下面举一个很罕见的例子：美国哲学家威廉·莱恩·柯莱格（William Lane Craig）在他的文章中不仅阐述了他关于论证的讨论，而且用标准形式这样直白的方式展现了出来。

麦凯教授和卡拉姆宇宙论证

在这里，我想把重点放在麦凯教授对一个特别论点的分析上，也就是卡拉姆宇宙论证。他在这方面的探讨显得有些浅显，我认为这可以说明他没有对这个论点提出一个有说服力的或是直觉上具有吸引力的反对意见。

卡拉姆宇宙论证可简述为：

1. 任何存在的事物必有起因。
2. 宇宙是存在的。

……

3. 综上所述，宇宙必有其存在的起因。

W. L. Craig, “Professor Mackie and the *kalam* cosmological argument”, *Religious Studies* 20 (1985), pp. 367-8.

柯莱格关于卡拉姆宇宙论证的标准形式的阐述说明他对此有着极具条理的思考和讨论，且他的最终观点是宇宙必有其存在的起因。而他的反对者麦凯，则坚持相反的立场，认为宇宙可以是无前因的。面对柯莱格的论证，麦凯必须解释清楚他对柯莱格的哪一步“前提”有所异议。

柯莱格预估麦凯会对前提 2 提出反驳意见，于是他额外增加了两个小结来支持此前提。最终形成了一个 11 步的论证过程：

1. 任何存在的事物必有起因。

2. 宇宙是存在的。

 2.1 论证基于实际的无限的不可能性。

  2.1.1 实际的无限是不存在的。

  2.1.2 事件在时间上的无限倒退是实际的无限。

  2.1.3 综上所述，事件的无限倒退是不存在的。

 2.2 论证基于通过连续的加法不可能形成实际的无限。

  2.2.1 由连续加法形成的集合不可能实际是无限的。

  2.2.2 过去事件的时间序列是由连续的加法形成的集合。

  2.2.3 综上所述，过去事件的时间序列不是实际的无限。

3. 综上所述，宇宙必有其存在的起因。

无须多说，在这些子论证中有很多术语概念需要柯莱格去定义和解释，在这里我们没有必要过多地研究这些细节，但可以看出柯莱格的论证过程对于麦凯而言是一个巨大的挑战。

已经对卡拉姆宇宙论证熟悉的读者，毫无疑问会很喜欢柯莱格简单明了的概述，因为它是如此清晰而有逻辑性地描述了此论证。如果每个人在阐述时都写出像柯莱格这样的概述，会不会让人感觉更好？让我们来想象这样的一个世界，政治家将他们对所有事情的论证均以标准形式来说明，这样或许我们只需花费很少的时间就可以知道他们的立场，但却很难再从言谈中得知他们的偏向和内在所蕴含的个人情感，甚至在他们尚未结束论证阐述之前，就会感觉无聊透顶。这大概也就是为什么大部分作者不会把他们的论证过程简明扼要地直述给我们，而是希望能够多给读者一些空间去思考、去琢磨。因为只有自己进行积极的阅读和探索，才能获得以自己的方式解读作者的机会。

来看看拿破仑·希尔（Napoleon Hill）在 20 世纪 30 年代出版的经典励志书籍《思考致富》（*Think and Grow Rich*）。这本书在全世界的销量已经超过 3 000 万册，至今仍是《商业周刊》（*Business Week*）畅销书排行榜的前 10 名之一。下面这段文字就出自这本书，它无论是在风格还是内容上都与柯莱格的文章完全不同，然而两者内在的论证过程却又有着异曲同工之妙。

性欲转换的奥秘

性的激情会转换为一种心理状态。

由于对这一问题的无知，人们通常将这种心理状态和生理联系在一起。而且由于多数人在获取性知识时受到了错误影响，还误认为它是纯生理的东西，其实它与心理有很大的关系。

性的激情背后隐含了 3 种建设性力量：

1. 人类的繁衍生息。
2. 保持健康（它的治疗作用无可比拟）。
3. 通过性欲转换把庸才变成天才。

性欲转换很简单，且易于解释。它是一种心态的转换，就是把通过生理表现的意念转化为其他意念。

性欲是人类最强烈的一种欲望。被这种欲望驱使时，人们会产生强大的想象力、勇气、意志力、毅力，以及在其他时候所没有的创造力。对性接触的欲望非常强烈，往往使人沉溺其中，甚至冒生命和名誉的危险。但如果加以控制，并向其他方向引导，这种欲望就会保留其强大的想象力和勇气等性质，成为能够被应用在文学、艺术或其他专业、职业（其中当然包括积累财富）上的强大创造力。

当然，性能量的转换需要运用意志力，不过带来的回报是值得的。性欲的表达是天生的、自然的。这种欲望无法也不该被埋没或抹杀，但它应该通过丰富人类身心与精神的表达方式来发泄。如果没有给予这种形式出口，就会通过纯粹的肉体渠道来寻求发泄。

我们可以修筑堤坝，在一段时间内控制河流的水量，但它终究需要宣泄。性欲也是如此，它可以被压抑一段时间，但其天性还是会不断地寻求表达方式。假如不用创造性的方式加以引导，就会以没有什么价值的渠道发泄出来。

N. Hill, *Think and Grow Rich* (New York: Fawcett Books, 1937, 1960), pp. 155-6.

尽管希尔的论证有一些漫无边际，部分地方还出现了重复，但总体来说仍是新奇有趣的。这时，我们需要思考，他的结论到底是什么，以及他提出此结论的依据是什么。

在回答这个问题时，首先要注意的是，第三段中出现的 3 种建设性力量并不能构成论点。它们构成了一个列表，但这只不过是一组符合给定描述的列表集合。而论证与之不同，它包含了结论和支撑其结论的论点。正因为在希尔的这些标注了数字的列表中没有支撑与被支撑的关系，所以它只是个列表，而不是一个论证过程。

当我们在思考论证过程时，不妨先问问自己：作者想要证明的是什么。也就是说：作者的最终观点是什么。回答这个问题涉及一些解释。每一位读者顺着自己的逻辑来思考出与他人不同的答案，这并不会造成什么很大的影响。举例来说，希尔的本意并不是得出一个关于河流的结论，但他关于河流的描述极其形象，能让读者很容易就理解他关于性欲的结论，但只专注河流的阐述则会造成对作者意图的误解。

希尔在倒数第二段中写道："性欲的表达是天生的、自然的。这种欲望无法也不该被埋没或抹杀，但它应该通过丰富人类身心与精神的表达方式来发泄。如果没有给予这种形式出口，就会通过纯粹的肉体渠道来寻求发泄。”他认为就像河流需要泄洪一样，性欲也是如此。在这段文字中他直接或间接的话语都是为了支撑这条结论。“性欲转换”是希尔自己所用的说法，指的是在专业性职业或其他创造性职业中给性欲一个非物质性的出口。从这方面来讲，希尔明确定义了何为“性欲转换”。

然而，一项提议本身并不是一个论证。为了创建这个完整的论证过程，作者还需写出前提来支持结论。那么，支持希尔“性欲转换”的前提是什么呢？

希尔用了这段文字中最长的篇幅来说明性欲是人类的欲望之最。假若我们将此作为他论证过程的首要前提，就可以写出一个标准形式：

1. 性欲是人类的欲望之最。

2.

---

3. 综上所述，性欲应通过转换来得到释放。

暂且将希尔的这段文字放到一旁，这时我们应该向自己提出一个问题：在步骤 1 和步骤 3 之间应该填写什么才可以使之构成一个有着合理逻辑的论证呢?

我们在这里所寻找的方式就像数学中的可迁性，而这也是论证中一个非常重要的操作步骤。transitive 一词来自拉丁文，意为在一个序列里，中间的部分成了开头和结尾的桥梁。下面就是可迁性的一个很简单的例子：

1. X 是 Y。

2. Y 是 Z。

---

3. 综上所述，X 是 Z。

在这里，Y 就是 X 和 Z 之间的桥梁，如果 X 是 Y 且 Y 是 Z，那么 X 必然是 Z。

我们当然也可以用除“是（is）”以外的词语来创建关联桥。比如，杰克吃了培根，培根中包含钠元素。那么，我们可以得出：杰克吃了钠元素。但并不是所有这样的表达形式都具有可迁性。例如，杰瑞喜欢玛丽，而玛丽喜欢哈利。在这种情况下，就不能得出结论说杰瑞喜欢哈利。

当你在阅读一篇文章时，可以尝试去寻找作者的论证过程。随着练习次数的增加，你就会知道在哪些情况下逻辑具有可迁性，哪些情况下则不具有。

而在刚才希尔的那篇文章中，逻辑是具有可迁性的。我们认同了一个结论，即性欲需要通过转换为其他形式而得到释放，因为我们都认同性欲是人类最强烈的欲望，并且人类最强烈的欲望应转换为其他形式进而得到释放。若将其以标准形式写出就是：

1. 性欲是人类最强烈的欲望。

2. 人类最强烈的欲望应转换为其他形式进而得到释放。

---

3. 综上所述，性欲应转换为其他形式进而得到释放。

这就是一个可迁序列。

现在，回过头来看希尔的文章，尽管他并没有明确说明前提 2，但仍认为读者们应当直接接受它。他告诉我们，如果强烈的欲望没有得到合理的宣泄，就将以一个更低价值的方式释放。我们也可以理解为，就像柯莱格在他的论证中一样，希尔也在前提 2 下得出了两个小结。由此，我们可以把刚才的标准格式扩展为：

1. 性欲是人类最强烈的欲望。

2. 人类最强烈的欲望应转换为其他形式进而得到释放。

2.1 人类最强烈的欲望如果没有得到合理的宣泄，就将以一个更低价值的方式释放。

2.2 人类最强烈的欲望如果有着合理的释放通道，就会创造出伟大的事物。

---

3. 综上所述，性欲应转换为其他形式进而得到释放。

现在，我们知道了为什么希尔认为我们应当接受前提 2。

尽管在标准形式中并没有原因来支持步骤 2.1 和 2.2，但希尔通过将性欲类比成河流来做出最有力的支撑。我们可以通过仔细观察二者中的相似性来判断希尔的真实目的，并以此得出两个子论证：

1. 性欲是人类最强烈的欲望。
2. 人类最强烈的欲望应转换为其他形式进而得到释放。

2.1 人类最强烈的欲望如果没有得到合理的宣泄，就将以一个更低价值的方式释放。

2.1.1 如果不给一条河流合理数量的排放口，那么迟早有一天它会冲破大坝。

2.1.2 如果河水冲破大坝，就将带来灾难性的后果。

2.1.3 综上所述，如果不给一条河流合理数量的排放口，那么它将带来灾难性的后果。

2.2 人类最强烈的欲望如果有着合理的释放通道，就会创造出伟大的事物。

2.2.1 如果一条河流有着合理数量的排放口，那么它所具有的能量也将得到合理应用。

2.2.2 如果一条河流的能量得到合理应用，那么它将可以为很多人的日常生活供电。

2.2.3 综上所述，如果一条河流有着合理数量的排放口，那么它将可以为很多人的日常生活供电。

---

3. 综上所述，性欲应转换为其他形式进而得到释放。

注意一下这两个子论证的传递格式，它们可以为前提 2 提出最强有力的支撑。就像希尔所说的那样，人类最强烈的欲望就像河流一样。

现在我们对希尔的论证过程做了全面分析，知道他的结论是什么以及支撑他得出这个结论的原因。毫无疑问，这需要花费一些时间，因为我们需要删除文章中那些无意义的成分，还需要补充缺失的内容。希尔本来可以像柯莱格一样把自己的论点直接展示出来，从而为读者省去很多麻烦。

但是，如果希尔的书中充满了标准形式的论证过程，还能在全球销售超过 3 000 万册吗？大概难以做到吧！首先，当读者碰到这种格式的书籍时，很难从中体会到阅读的乐趣。其次，更为重要的是，这会使书更容易被人质疑。事实上，把论证转化为标准形式的最大好处就是，它能使读者处在一个更有利的位置上来进行评估。

现在我们都知道，希尔的论证中最为重要的部分就是他认为性欲应转换为其他形式进而得到释放。这种说法有多大的说服力？通过类比，我们知道允许性欲顺从身体的自然需求得到释放等同于让河水自然地流淌。与此同时，将性欲转换为其他形式就等同于给河流修筑堤坝，产生能够供给很多人使用的电力。希尔认为用河流发电远比单单只是让它们自然地流淌要好得多。但在这一点上，尚存很多可以被反驳的地方。

举个例子来说，一些环保人士坚持认为：随着阻断河流自然流淌的时间延长，将对周围野生动物的生存环境造成严重的、不可挽回的伤害。同样，针对希尔论证的反驳也立足于随着将性欲转换为其他形式进而得到释放的时间延长，将对我们的身体造成严重的、不可挽回的伤害。回想一下，在希尔论证的第三段中，他认为性欲有保持健康的作用，其作用是无可比拟的。于是，这就产生了矛盾。当你第一次阅读希尔的文章时，你很容易认同他的观点。但经过进一步的分析和思考后，就会发现他不仅提出了很多重要的问题，而且其中很多内容是自相矛盾的。

这就是拥有批判性思维的人所做的事情。坦白来讲，这样做是很令人扫兴的。我们穷追那些伴着清风、欢愉漂荡的帆船，只是为了抓住那些在起航时就伴随左右的风的气息。但为什么现在有那么多人都想要学习这样的技能呢?

伴着清风的帆船因为没有注意航行的方向而遇上暴风雨，那乐趣就不会持续太久。但如果我们直面事实的真相，则会变得更好。

然而，标准形式真的对所有论证的梳理都能发挥作用吗?

是的，确实如此。事实上，我是从我丈夫那摞书山中随意抽取到了希尔的这本书！而且，如果你觉得我把希尔的论证梳理成标准形式就像魔法一样，那大概是因为你只是刚开始尝试批判性思维。当你阅读完本书之后，你将会具有同样的能力。

归纳与演绎

当你开始观察论证时，首先会注意到的就是它有两种完全不同的类型。

在经验科学中，如物理学、生物学、心理学以及社会学，你通常会使用一种名为归纳的论证方法。归纳论证是推理的一种，只得出一个可能的结论，尽管所有的前提都是真实可靠的，但最后得出的结论仍然可能是错误的。

人们熟悉的天气预报科学就是运用归纳的方法根据过去发生的事情来预测未来的天气。无须任何的精密仪器或复杂的计算，我们可以凭借下面的推理，得出自己的天气预报：

1. 去年 12 月纽约下雪了。
2. 前年 12 月纽约下雪了。
3. 大前年 12 月纽约下雪了。
4. 以此类推……

---

5. 综上所述，今年 12 月纽约将会下雪。

这就是归纳论证。

归纳论证最大的特点就是前提的真实性并不能保证结论的真实性。我们或许能百分百保证纽约在去年甚至 100 年前的 12 月都有下雪。但尽管如此，仍不能说在今年的 12 月纽约百分百会下雪。为了强调这一点，天气预报员通常会将他们的结论量化为可计算的数据，如：“我们预估在这个月有 95% 的可能性会下雪。”

而演绎论证，则恰好与之相反，其前提的真实性可以保证结论的真实性。也就是说，在这个论证过程中，如果所有的前提都是真实可靠的，那么结论必然也是真实可靠的。归纳论证通常可以转化为演绎论证，反之亦然。下面是刚才问题的演绎论证版本：

1. 如果在过去的 100 年时间里，纽约每年 12 月都会下雪，那么今年的 12 月也必然会下雪。
2. 在过去的 100 年时间里，纽约每年 12 月都会下雪。

---

3. 综上所述，今年 12 月纽约将会下雪。

这个论证迫使作者依靠过去天气模式的可靠性，无视那些有关数据的预测，从而阐述一个大众都能接受的观点（前提 1），然后继续去证实这个观点，进而得出一个无可辩驳的结论。

那么，这是否意味着演绎论证肯定能证明纽约会在今年 12 月下雪，而归纳论证不能？

当然不，这两种论证具有同样的不确定性。归纳论证在其结论上有不确定性，而演绎论证则是在其第一个前提上有同样的不确定性。前提 1 中叙述的“如果在过去的 100 年时间里，纽约每年 12 月都会下雪，那么今年 12 月也必然会下雪”是很有争议的。每年地球上都会发生很大的变化，从而造成巨大的影响，而这就很有可能会对前提造成影响。演绎论证告诉我们：如果前提是真实可靠的，那么结论必然也是真实可靠的。

但在这个例子当中，我们并不能保证前提的真实性。

既然两个论证过程都具有同样的不确定性，那区别是什么呢？是否有原因让我们选择其中一种方法，而不是另一种呢？

当前提包含经验数据的时候，我们通常选择归纳论证。然而，很多时候我们所面对的问题却无法用经验来衡量。在这种情况下，演绎论证就是更好的选择。思考下面关于美国和英国律法的演绎论证：

1. 如果堕胎是一种错误的做法，那么罗伊诉韦德案（Rve v. Wade）应判败诉，并且堕胎法案应被废除。
2. 堕胎是一种错误的做法。

---

3. 综上所述，罗伊诉韦德案应判败诉，并且堕胎法案应被废除。

这个论证在前提 1 中提出了一个观点，并在前提 2 中证实了它。如果你认同这两个前提，就会得到唯一的结论，有时你甚至无须完全认同这些前提。

假设有人想要通过递归的方法来提出反对堕胎的理由，以此来减小前提中的不确定性：

1. 第一次堕胎是错误的。

2. 第二次堕胎是错误的。

3. 第三次堕胎是错误的。

4. 以此类推……

---

5. 综上所述，任何一次的堕胎都是错误的。

这一努力的尝试是荒谬的。即使你确实能找到一些支持自己观点的堕胎实例，也没有办法去判定它是不是错误的。因为这是一个性质的问题，不是经验可以衡量判断的。

既然科学没有办法帮我们解决法律上的问题，而我们又必须做出判断，那么就需要选择并表明自己的立场。演绎论证迫使人们将自己的观点以一种简单明确、可被评估的方式表达出来，并加以评估。一些质疑上述关于堕胎论证的人也可以列举那些堕胎未必会是一个错误选择的例子。这会使前提 2 的真实性得到质疑，进而破坏结论的真实性。

记住，在演绎论证过程中，如果前提是真实可靠的，它所得出的结论必然也是真实可靠的。但如果前提的真实性并不能得到保障，那么所得出的结论也不再是可靠的了。这就是为什么当我们思考一个演绎论证的时候，会更多地去关注前提，而不是结论。因为结论是由前提决定的，如果结论的真实性出了问题，那么问题的来源必然是一个或多个前提。对演绎论证的评估意味着你要对其中最有争议的前提提出质疑。

尽管归纳论证通常用在与科学有关的问题上，但其中一种可被用在处理科学与非科学的问题上，也就是类比论证。类比论证是一种基于与其他事物的相似性来得出结论的论证过程。我们其实早在之前引用希尔的那篇文章中就已经接触过了类比论证。为了有效地评价类比论证，我们必须弄清楚为什么类比论证是归纳论证的一种。

假设有人这样说：

> 琳迪和劳里是双胞胎姐妹。我的意思是，她们很像！而且琳迪已经结婚了，所以我猜劳里也结婚了。

现在试试把这段话的内容转换为标准形式：

1. 琳迪和劳里很像。
2. 琳迪结婚了。

---

3. 综上所述，劳里也结婚了。

这不是一个演绎论证。我们都知道，当结论是错误的时候，前提却可能都是真实可靠的。两个人相像并不意味着她们在任何方面都是相同的。事实上，不论两个人是不是双胞胎，她们都不可能是完全一样的。所以，尽管这两个前提都是真实可靠的，但结论具有不确定性。回想一下上文的探讨，结论的不确定性是归纳论证的标志，而不是演绎论证的标志。

尽管这个论证与之前探讨过的纽约下不下雪有所不同，但将两者进行深入分析后却展示出了相同的结构。毕竟，为什么有人说琳迪和劳里“很像”，除非有一些品质以下述这种形式在我们的脑海中叠加起来：

1. 琳迪和劳里同样都是 40 多岁。

2. 琳迪和劳里同样有着宗教信仰。

3. 琳迪和劳里同样有着孩子。

4. ……

---

5. 综上所述，琳迪和劳里同样都结婚了。

这个论证的结构与“下雪”的归纳论证有很多相似之处，这是因为它们都基于大量的已知事实，进而推出一个先前所不知道的可靠结论。

从某些角度来讲，类比论证是很危险的，因为它具有极高的说服力。琳迪和劳里的相似性列表在我们脑海中勾勒出了那些应当结婚了的人的样子。尤其是前提 3 似乎暗示着很多潜在的信息：如果两个人都有孩子，她们必然也都结婚了。

其实，并不一定如此！因为世界上有很多未婚妈妈的实例。这揭示了一个道理：我们不应该带着偏见去预估任何一种可能性。那么，批判性思考者会如何处理这种情况呢？

在关于纽约下雪的论证中，我们把论证转化为演绎论证会有很大的帮助，因为这样我们就可以清楚地知道有哪些观点处于危险中，这基本也是我们在面对希尔的类比论证中所做的。这个类比论证可以通过下面的标准形式表现出来：

1. 河流与大坝的关系就像性欲和转换的关系。
2. 河流应通过大坝从而被给予可控制范围内的排水，以此来合理应用它所具有的能量。

---

3. 综上所述，性欲应通过转换从而被给予可控制范围内的释放，以此来合理应用它所具有的能量。

这个是演绎论证的形式，如果前提是真实可靠的，那么其结论必然也是真实可靠的。这种方法之所以很有用，是因为它揭示了作者所认同的观点，并给我们提供了一个可以去评判该论点的基础平台。回想一下，我们之前曾说过有人可能会反对该论证的前提 2，是因为大坝的存在可能会对周围的生态环境造成伤害。

我们同样可以对关于姐妹的论证做出同样的处理：

1. 琳迪和迈克的关系与劳里和罗斯的关系一样。

2. 琳迪与迈克结婚了。

---

3. 综上所述，劳里和罗斯也结婚了。

这个论证和先前的那个论证一样都是演绎论证。如果前提是真实可靠的，其结论必然也是真实可靠的。但是，这个前提究竟是不是真实可靠的呢？该判断很明显取决于前提 1，即前两个人之间的关系是否真的与后两个人完全相同？如果我们不知道劳里是否已经结婚了，这个问题真的很难回答。与之相反，如果我们确实知道两者之间的关系是相同的，又为什么还会有任何关于劳里是否结婚了的质疑呢？用类比论证来进行演绎重构的模式可以象征性地表示为：

1. a : b :: c : d（a 对 b 的关系与 c 对 d 的关系相同）

2. a—P—b（a 和 b 通过 P 建立起联系）

---

3. c—P—d（综上所述，c 和 d 通过 P 建立起了联系）

小写字母的 a、b、c、d 代表着被比较的个体，大写字母 P 代表着它们共同的连接纽带。一旦从演绎论证中重建出一个类比论证，就能从中得到所有具有说服力的信息。在目前的情况下，这个重建揭示了所谓支持该结论的前提是有多么不堪一击。我们不应该再相信“劳里已经结婚了”这个结论，就像我们不再坚信先前所被告知的“劳里和琳迪很像”一样。

所以，扫兴的事又来了！作为一名批判性思考者，只要当我们对某一件事情有所了解时，就可以去尝试推翻这个类比，这也是我们在前两个论证中所做的事情。在有关性欲的类比中，我们说明希尔无视了用大坝来限制河水流量所会造成的问题，在性欲转换中，可能存在着类似的问题。在有关姐妹的这个论证中，我们必须了解琳迪和劳里之间的一些亲属关系，才可以进一步判断她们是否结婚了。并且，如果我们对劳里的亲属关系知道得足够多，就无须从其他渠道得知这两个人很相似。换句话说，我们所了解到的是：是不是姐妹真的与她们的婚姻状况没有关系。所以，在上面两个论证当中，我们成功地找到了一些错误的逻辑。这值得我们花费如此之多的精力吗？答案是毫无疑问的。

有效性与合理性

因为论证起源于个人观点，所以在刚开始的时候尝试去评估它们就会显得很不合适。但是，当我们在日常生活中遇到问题时，又总是要尝试去做出正确的判断，就像我们需要给一个候选人进行投票，或是要雇用一个水管工的时候。总的来说，做出正确的判断必须依靠合理的标准。

通常有两种标准可以用来评估演绎论证。

有效性

第一种是有效性。在日常对话中，人们经常用有效或有用来表明他们认同你的说法。人们经常说这是一个有效的观点，这是该术语的非正式用法。当我们运用逻辑时，应当要尽量避免这种情况的发生。

在逻辑上，“有效”一词对于论证有学术上的专门释义。一个论证具有有效性，意味着它的前提对结论起决定性作用。也就是说，若前提为真，则结论必定也为真。

事实上，当我们介绍演绎论证的时候就已经遇到过有效性这个概念了。一个有效的论证只不过是具有正确形式的演绎论证。下面就是一个有效的论证：

1. 金钱比美貌更有价值。

2. 自由比金钱更为重要。

---

3. 综上所述，自由比美貌更重要。

若前提是真实可靠的，那么结论必然也是真实可靠的。通过象征论证，我们很容易就会得出这样的结论：

1. M>G

2. F>M

---

3. F>G

放入任意符合这两个前提的数字，所得到的结论必然是正确的。如：让 M=2，G=1，并且 F=3。鉴于这两个前提的真实性，得出的唯一结论是确定的。所以，凡是具有这种结构的论证形式都是正确形式的演绎论证。

有效性是一个评判论证的可靠标准。但有时有些人会去尝试使用演绎论证，但是没有正确地形成，这种情况被称为无效。下面就是一个无效的论证：

1. 勇气比诚实更重要。

2. 善良比诚实更重要。

---

3. 综上所述，勇气和善良同样重要。

在这个论证过程中，前提并不能得出这条结论。一个简单的象征论证就能说明：

1. C>H
2. K>H

---

3. C=K

让 C=2，H=1，并且 K=3，在这个问题中，前提是正确的，而结论是错误的。如果我们让 C=2 且 K=2，那么就会有真实可靠的前提和一个正确的结论。但重点是，前提并没有明确地表示出 C 和 K 是同一个数字。因此，我们不能说 C 和 K 是相等的。我们把这个不确定性放在了结论中，而这在演绎论证中是不被允许的。

我们由此意识到有效性只与论证的结构有关，而与论证的内容无关。也就是说，当你去检查一个演绎论证是不是正确的形式时，你是否认同它并不会对最终的判断结果造成任何影响。看看下面这个例子：

1. 奥斯卡是个派对的狂热爱好者。
2. 派对的狂热爱好者从不会在周六的晚上独自一人待在家里。

---

3. 综上所述，奥斯卡从不会在周六的晚上独自一人待在家里。

这是一个有效的论证，因为如果前提是真实可靠的，其结论必然也是真实可靠的。假设你碰巧知道这个论证的结论是错误的，事实上，在有些周六的晚上奥斯卡还是会独自一人待在家里的，但这并不意味着这个论证是无效的。与之相对，这同样也意味着，至少有一个前提出了问题，因为结论的真实性是依赖于前提的。如果奥斯卡有时会在周六的晚上待在家里，那么或许奥斯卡不是一个派对的狂热爱好者，又或者并不是所有的派对狂热爱好者都不会在周六的晚上选择独自一人待在家里。你需要去判断哪个前提是更值得去质疑其真实性的。或许有的时候，你会同时对两个前提都产生质疑。

有效性与你对论证内容的赞同与否无关，而只在于前提和结论之间的联系是否正确。对一个你并不赞同的论证承认它的“有效性”可能会觉得很奇怪。但是，我们仍然需要一个词语来形容该论证是结构正确还是错误的。考虑一下下面这个论证：

1. 奥斯卡是个派对的狂热爱好者。

2. 菲利克斯是奥斯卡的室友。

---

3. 综上所述，菲利克斯也是个派对的狂热爱好者。

这就是一个无效的论证过程，因为根据这些前提并不能得出结论。即使你碰巧认同所有的前提，但将每一个前提的可靠性罗列叠加起来，仍然有很大可能性是菲利克斯与奥斯卡是完全相反的，就算他们是住在一起的室友。

有效性是一个客观的评判标准。如果一个论证的前提并不暗示得出该结论，你就需要重新开始此论证的叙述；反之，你就需要去应用第二个评判标准了。

合理性

验证演绎论证的第二个评判标准是合理性。就像有效一词一样，合理也常以非正式的形式出现在日常生活对话中。例如，如果你说“厄尔做了一个合理的判断”，那基本可理解为你认同厄尔的思考逻辑。从逻辑上来讲，合理性有其专门的学术释义。一个论证是合理的，当且仅当它是有效的，并且其前提是真实可靠的。

逻辑学家故意把有效性作为合理性定义中的一部分，以此来强迫你在检查论证内容前先检查论证的结构是否正确。他们知道，这对于你来说，或许很难。毕竟当人们第一次看到一个论证的时候，他们最想要做的事情是观察其内容（即它究竟讲了什么）。这是错误的做法，因为一旦结构被判断是错误的，你就已经必须重新从头开始了。我们可以用类比论证来验证这句话的正确性。

假设你是个房屋评测员，专门去评估那些年久失修的废弃房屋。当你靠近这样的屋子时，从窗户外向屋内观望，发现里面摆满了很多奇怪且有趣的家具。于是你冲进去想要一探究竟。不幸的是，你忘记了要先观察一下房屋的构造。所以，一脚踏空，摔到了地下室。

这个类比论证是在警示我们：永远都要在看内容之前检查结构，即使你对其中的内容有着更大的兴趣。

政治家正是利用着人们对内容极高的关注度来进行宣讲的。比如，一个政治家就很有可能会做出这样的论证：

1. 战争是糟糕的。

2. 教育是好的。

3. 人们需要团结在一起共同进步。

---

4. 综上所述，你们应当将选票投给我。

如果你只是关注于论证的内容，那么很容易就会深陷其中。毕竟谁能不赞同这几个前提的正确性呢？但问题是，这个结论并不能站得住脚，因为这些前提并不能得出这条结论，在前提和结论之间并没有什么必然的联系。

当你遇到这样的论证时，谨记不要深陷其中，抛开它重新开始思考。当且仅当这个论证是有效的时候，你才可以继续去验证它的内容。

有效性是一个客观的评判标准，而合理性则是一个主观的评判标准。我们可以用这个例子得出这个观点：

1. 金钱比美貌更有价值。

2. 自由比金钱更为重要。

---

3. 综上所述，自由比美貌更为重要。

我们已经知道，由此前提是可以得出这条结论的。所以，它是有效的。但是这些前提是否都是真实可靠的呢？在这一方面，不同的人会产生不同的观点，并且任何一个人都没有办法准确给出正确与否的判定。有一部分人会说这个论证是合理的，另一部分人则会持相反的态度，这并没有什么关系，我们不能期望人们像同意有效性一样同意合理性。

记住，前提里的不确定性是演绎论证的特点，而有一些演绎论证的前提看起来具有极高的确定性。举例来说，一个历史学家可能会讲：

1. 埃及艳后克利奥帕特拉是一个女人。

2. 克利奥帕特拉是埃及的统治者。

---

3. 综上所述，埃及的统治者是一个女人。

一部分人会对这个论证抱以怀疑的态度。虽然它是有效的，并且它的前提几乎从未被人质疑过。尽管如此，仍有人并不认同这个前提的真实性，但我们还是会将他的观点看作合理的。

我们可以想出很多用于反驳前提 1 的异想天开的想法，例如，有人忽然发现克利奥帕特拉实际上是一个嗜酒成瘾的男人。但其实无论是怎么样的想法，重要的是，这些并不是全无可能的。人们有权利去阐述并表达出自己的观点，无论这些观点有多么疯狂。

当然，关于克利奥帕特拉究竟是一个男人还是一个女人的问题总有着一个客观的答案，但我们并没有一个最终的、肯定的方法来证明这个答案。仔细思考一下这句话，你会发现这适用于任何一个你认为其真实性可靠的阐述，并且无论该阐述表现出来的观点有多么显而易见。举个最简单的例子，其实并没有任何方式能够证明你在阅读本书，因为你甚至可能是在精神病院里幻想出了这一切。所以，合理性通常被看作一个主观的评判标准。当你说一个论证是合理的时候，你想表明的是你对该论证的认同感。

然而有效性，并不是一种主观的判断。因为当结论可以由前提推理出来的时候，你是不可能会得到前提是真实可靠，而结论却是错误的这样一个论证。那么，考虑一下下面这种有关克利奥帕特拉的象征论证：

1. C = W
2. C = R

---

3. W = R

没有人可以否定这个结论。但如果你尝试去否定它，你并没有疯，只是单纯的错了。否定这个推论就像否定 2+2=4 一样。如果一个孩子的回答是 2+2=5，我们只会让这个孩子再认真检查一遍，而不是夸奖他很有自己的想法。

合理性是你可以给予一个论证的最高赞誉。因为这不仅意味着该论证是有效的，并且就你而言，它有着真实可靠的前提。

你或许会想知道为什么合理性的定义没有其结论为真实可靠的这一条。答案是不需要。想想看，有效性 + 真实可靠的

前提 = 真实可靠的结论。那么合理性定义的两个组成部分就已经隐含着其结论的真实可靠性了。

我们早就见过有效的论证不一定具有合理性，但合理的论证是否可以不具备合理性呢？

因为合理性的定义是以有效性为先决条件的，所以这个问题的答案就是“不可以”。尽管如此，人们有的时候还是会被下面这样的论证戏弄：

1. 苹果是水果。

2. 香蕉是水果。

---

3. 综上所述，梨是水果。

由前提并不能得出这条结论，于是我们便知道它不具有有效性。那么它是不是合理的呢？不可能——因为它甚至不是有效的。

但是它的前提和结论都是正确的啊！

那又怎么样？这顶多算得上是一个清单列表。我们不可能说一个有着标准形式的清单列表是合理的。因为合理性是对一个论证的最高赞誉，我们只会把这样的夸赞赠给心中最完美无缺的论证。而一个其前提都不能暗示结论的论证距离完美二字还差得远呢。如果你一定要形容这样一个关于水果的论证，你可以说它“含有真命题”或是用同样意思的其他词汇、语句来表达，但绝不能说它是合理的！

所以批判性思考者有两种评估论证的标准，一个客观（有效性）、一个主观（合理性）。但仅仅因为合理性是主观判断，并不意味着一切的抉择可以随心所欲。有些主观方面的判断甚至更为合理、公道。批判性思维还有很多方法来保证判断有着极高的合理性，我们将在后续的章节中更加深入地学习。

练习

下面是象征论证的练习，用我们所学过的符号以有效（演绎论证）的标准形式来重构：

1. a : b :: c : d（a 对 b 的关系与 c 对 d 的关系相同）
2. a—P—b（a 和 b 通过 P 建立起联系）

---

3. c—P—d（综上所述，c 和 d 通过 P 建立起了联系）

这里有 5 个可以得出该结论的步骤：

步骤 1：空白的、由 3 个步骤组成的标准形式：

1.

2.

---

3. 综上所述，

步骤 2：填写结论，这是作者想要向你证明的最重要东西。

1.

2.

---

3. 综上所述，c 和 d 通过 P 建立起了联系。

步骤 3：在前提 1 中，把 c 和 d 放到合适的位置上。在前提 2 中，把 P 也放到合适的位置上。

1. ________________ 与 c 对 d 的关系相同

2. P

---

3. 综上所述，c 和 d 通过 P 建立起了联系。

步骤 4：填入 a 和 b。这是与 c 和 d 之间关系做比较的东西。

1. a 对 b 的关系与 c 对 d 的关系相同。

2. a 和 b 通过 P 建立起联系。

---

3. 综上所述，c 和 d 通过 P 建立起了联系。

步骤 5：谨记：你需要用与这篇文章语言一致的专业词汇来重述这些通用短语，如“建立联系”。与此同时，你需要最大限度地将作者的观点用你自己的话表达出来。正因为论证的重建需要充足的解释，从而你有不止一种方法来做到这一点，就像在纸上随意涂鸦一样。你不能指望在第一次的尝试中就解决所有的问题！当你认为自己做了一个精确的重建时，看看这本书的最后几页，检查其是否成功的关键就在那里。

文化研究

在其中寻找到两个类比论证。

生活在一个有着种族歧视的社会中，偏见的存在是一件不可避免的事情。文化种族主义塑造并传递出了白人具有优越感与有色人种具有自卑感的文化形象和信息，就像晴朗天空之下的阴霾。有时它很厚，以至于我们肉眼可见；但有时又不那么明显，让我们难以去寻找它的踪迹。但无论是哪种情况，终究避免不了的是：我们仍旧日复一日地“吸入”它们！我们当中没有人愿意自我介绍说自己是一个烟雾吸入者，因为我们中的大部分人不愿意被描述为是一个心存偏见的人，但如果说我们生活在一个烟雾弥漫的环境中，难道要拒绝呼吸吗？如果我们生活在一个被媒体用陈腐思想狂轰滥炸、时常被开涉及家人和朋友的伦理道德玩笑、却很少被告知这些弱势群体所达成成就的环境下，我们将对构成偏见基础的那些群体进行负面分类。

无论是白人还是有色人种都有这样的分类。甚至一个刻板群体中的一员也可能在某种程度上将对自己群体中他人的普遍看法内化。事实上，这样的过程时常发生，并被学者命名为“内化压迫”(interalized oppression)。

我有时把这些种族主义的影响看作机场里的自动步道。主动的种族歧视行为就像是在传送带上快速地行走，有这些行为的人被看作相信白人至上主义并只愿意和他们一起行动。而被动的种族歧视行为就像是直直地站在传送带上，没有做出任何动作，而传送带传送着这些旁观者去往与主动行走的人相同的目的地。其中一些旁观者或许能感受到传送带的存在，在看到那些积极的种族歧视主义者兴奋地走在前面之后，选择了转身，不愿去往那个与他们相同的终点站。但是，除非他们能够以大于传送带的速度向着相反的方向行走。也就是说，除非他们是反种族主义者，否则他们会发现自己无力反抗，只能顺着人流去往那个终点站。

Beverly Daniel Tatum, ‘Defining Racism: Can We Talk?’
in *Readings for Diversity and Social Justice*,
ed. M. Adams et al., (Routledge, 2000), pp. 79-81.

美学

一件工艺品在艺术性上的成功与否取决于观众对于其伦理取向的认同感，而所有不能达到这一要求的就会被看作失败的作品。

因此，我建议在工艺品和朋友之间做一个正确形式的类比论证。回想一下我的文章：只有当我们欣赏一个人的精神气质或是他身上的优良品质时，才愿意与之成为朋友。这也就是说，精神上的同调是享有高质量友谊的潜在条件。

现在，让我们考虑一下下面这种情况：强烈的冒险欲望可能是一种帮助我们与他人建立友谊的优良品质。个人特性方面的地位可以与一件工艺品艺术上的优秀特征进行类比，就像该优秀特征是使工艺品变得更有价值的一个原因一样，强烈的冒险欲望也是使一个人成为优秀好友的原因。但想象一下，如果一个人强烈的冒险欲望以下面这样的方式展示出来你会怎么想？一个人在酒吧邀请了一位年轻帅哥同他一起出行，但在他们将要离开酒吧的时候，他袭击了这个帅哥并把受伤的他抛弃在附近的小巷子中。尽管这种行为令人感到厌恶，但这确实是一种包含了暴力、危险及风险的冒险。如果我们认为这种行为在道德方面应受到强烈谴责，那么我们也不会再欣赏这种强烈的冒险欲望，更不会将之视为建立友谊的前提。这就是说，拒绝从一个人的道德取向来判断这段基于性格特征的友情的质量被证实是不可实现的。

休谟认为这是一个可以与工艺品进行类比的论证。一个优秀的工艺品可能恰巧需要的是在某一方面有所缺陷。这是工艺品伦理上的瑕疵，并且就算通过后期的粉刷，这些瑕疵也无法掩盖。在这个例子当中，这些特点是美学的象征，但是之后这些伦理上的瑕疵却又会阻碍工业品在艺术性上的成功。

A. W. Eaton, 'Where Ethics and Aesthetics Meet: Titian's Rape of Europa,' *Hypatia*（Fall, 2003）, Vol. 18, Issue 4, pp. 175-6.

文学

在《战争的主要问题》这篇文章中，其叙述性的语言引起了人们对于霍桑和林肯之间有关政治方面的疑问。表面上，该文章是对林肯的第一次称赞，实际上是其作者对林肯隐性的讽刺。然而，生活在 19 世纪的大部分读者认为这是在奉承林肯。霍桑对于文章题目中“主要”这一部分内容的描述带有一丝讽刺的意味，并且没有什么比对文章的注解更为精确且巧妙的解释了。在这里，霍桑运用了《格列佛游记》来进行讽刺暗示。我们可以回想一下，在《格列佛游记》中，格列佛的出版商——格列佛本身就是自己的出版方。或者可以说，他塑造了一个虚构的出版商叫作斯威夫特，一个被捏造出长辈、亲密好友和兄弟姐妹的虚拟关系的格列佛以此来唤醒人们对于其叙述的回应。事实上，斯威夫特已经将格列佛寄给他“表弟辛普森”的信添加到了 1735 年都柏林版的《格列佛游记》中，并且在 1727 年 4 月 2 日之前，第一版印刷时这封信就已经出现了。

霍桑就是在模仿斯威夫特运用编辑 / 作者，即格列佛和格列佛的“出版方”——辛普森之间的信件往来，以此成功塑造了一个讽刺性的信号：即本来并没有人断言，但是仍在自己文章中将有关林肯的部分额外加上脚注。和斯威夫特有着复杂的政治立场一样，霍桑也用这个叙述性艺术意味的方式来阐明自己的政治立场。斯威夫特应用讽刺性的处理比单单罗列出 18 世纪英国的政治弱点更加具有深刻含义，同时他对于出版商和格列佛之间的信件往来的批注也为霍桑用自己书写脚注来传播对林肯政治上的讽刺提供了一个先例。

我认为霍桑——这些赞美的言辞，对于一些读者来说，是对国家首领的尊重——使用斯威夫特的那种讽刺性技巧把林肯描述成一个只适合政治边远地区的幽默作家。霍桑因此可以说是参加了一场未被公开承认的政治运动。

Grace E. Smith, '"Chiefly About War Matters":
Hawthorne's Swift Judgment of Lincoln', *The American
Transcendental Quarterly* (June, 2001), pp. 150-1.

章后总结

1. 论证最常见的标准形式如下：

   1. 第一个原因是……

   2. 第二个原因是……

   ---

   3. 综上所述，结论是……

2. 一个论证可以由任意数量的前提来得到一个结论，也可以包含一系列子结论。子结论是一种可以推出更高层次结论的前提结论，也可以被称作小结，通常采用“因此”“所以”这样的词语作为小结的信号。

3. 归纳论证是推理的一种，只得出一个可能的结论，尽管所有的前提都是真实可靠的，但最后得出的结论仍然可能是错误的。归纳论证最大的特点就是前提的真实性并不能保证结论的真实性。而演绎论证，则恰好与之相反，其前提的真实性可以保证结论的真实性。也就是说，在这个论证过程当中，如果所有的前提都是真实可靠的，那么结论必然也是真实可靠的。归纳论证通常可以转化为演绎论证，反之亦然。

4. 类比论证是归纳论证的一种，是一种基于与其他事物的相似性来得出结论的论证过程。

5. 有效性与合理性是评估论证的两个标准。

CRITICAL THINKING

02 直言三段论

一个受过良好教育的人的标志，是能够对某一想法进行深入思考，而不是简单地接受。

——亚里士多德

A BEGINNER'S GUIDE

著名希腊哲学家亚里士多德是西方文明中第一位伟大的逻辑学家。他发现了由三个步骤组成且具有传递性的论证，并将之取名为三段论。回想一下这样的论证：

1. X 是 Y。

2. Y 是 Z。

---

3. 综上所述，X 是 Z。

我们可以用任何内容替换 X、Y 和 Z。亚里士多德意识到在这当中存在着很多种方法去构造三段论，且只有其中一些是有效的。亚里士多德和后人提出了不同的三步传递论证，这种想法被称为“直言三段论”。对批判性思考者来说，深入了解这种观点非常重要，不单单只是因为在历史长河中，它被看作辩论的模板范例，更是因为它可以帮助我们以有效的标准形式来构建自己的论证逻辑。

直言命题

直言命题是对两个类别之间的关系进行判定的命题。举例来讲，“蟑螂是昆虫”就是一个直言命题。因为它判定了在蟑螂这一个类别中的所有成员同时也是昆虫类别中的成员。公式“X是Y”就表明了直言三段论是由直言命题所构成的。

每一个直言命题都由两个部分组成：主项和谓项。主项是直言命题中指称事物的词语，谓项是事物是否具有某项特质的短语。在“昆虫是好的宠物”这句话中，昆虫就是主项，好的宠物就是谓项。

直言三段论的最终目的就是通过推理得出一个直言命题。所以，对于论证的第三个步骤或者我们称之为论证的结论而言，必然是一个由主项和谓项所构成的命题：

1.

2.

---

3. 综上所述，主项—谓项

传递性的目的是通过构建一个连接桥，将问题当中的首相和尾项连接起来。我们由此可以像下述这样填上前两个步骤：

1. 主项—连接桥。

2. 连接桥—谓项。

---

3. 综上所述，主项—谓项。

在三段论中，这个连接桥被称为联项或质。联项用来连接主项和谓项，不会出现在结论中。例如：

1. 蟑螂是昆虫。

2. 昆虫是好的宠物。

---

3. 综上所述，蟑螂是好的宠物。

虽然从学术方面来讲，直言三段论中的任意一个直言命题都具有自己的主项和谓项，但我们认为，出现在结论中的主项和谓项是整个三段论中最重要的主项和谓项。因此，在刚刚的三段论中，蟑螂是主项，好的宠物是谓项，而昆虫则被称为联项，起到连接主项和谓项的作用。

直言三段论中的直言命题可以被想象成集合与子集的关

系。上面所讲的直言三段论就是把蟑螂作为昆虫的子集，而昆虫又是好的宠物的子集。

引申来说，直言命题可以被看作对一个类别与另一个类别之间关系的判定。例如：

哈维是一种昆虫。

这个命题说明哈维是昆虫的一种。换句话说，哈维是昆虫这个集合的子集。

直言命题有四种不同的类型，对应四种联系一个类别和另一个类别之间关系的方法。亚里士多德对此进行了命名：

所有 X 是 Y	全称肯定型
所有 X 都不是 Y（没有 X 是 Y）	全称否定型
有些 X 是 Y	特称肯定型
有些 X 不是 Y	特称否定型

用这四种不同的直言命题来组成前提和结论，就可以创造出很多的三段论。现在重新考虑刚才的论证，随机选定用全称肯定型的直言命题作为三段论的前提。

1. 哈维是一种昆虫。

2.

---

3. 综上所述，

通过向前提 2 中插入四种不同的直言命题，可以写出四种不同的结论。

现在，向前提 2 中插入全称肯定型的直言命题，以此来产生一个全称肯定型的直言论证结论，如下：

1. 哈维是一种昆虫。
2. 所有昆虫都是好的宠物。

---

3. 综上所述，哈维是一种好的宠物。

这是一个有效的演绎论证，我们可以通过文恩图来证实它的有效性。前提 1 代表哈维集合（H）是昆虫集合（I）的子集（图 2-1）。

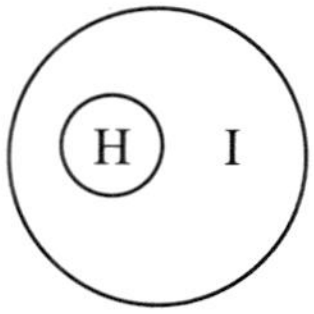

图 2-1

前提 2 代表昆虫集合是好的宠物集合（G）的子集（图 2-2）。

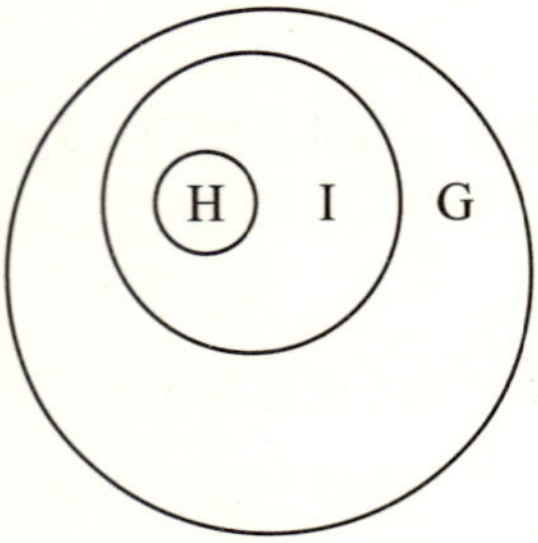

图 2-2

现在，不用再添加任何额外的元素，结论已经很直接地展现了出来：哈维是集合好的宠物的一个子集。图 2-2 证实了它是由该前提得出的必然结论。

现在，我们可以尝试用全称否定型来写前提 2。于是，就会得出下面这种三段论：

1. 哈维是一种昆虫。

2. 没有一种昆虫适合当宠物。

---

3. 综上所述，哈维不是一个好的宠物。

这同样也是有效的演绎论证，我们依旧可以用图的方式来证明。前提 1 代表哈维集合是昆虫集合的子集（图 2-3）。

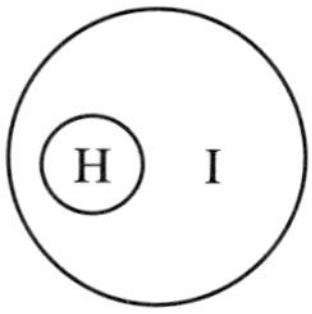

图 2-3

前提 2 代表昆虫集合与好的宠物集合没有任何交集（图 2-4）。

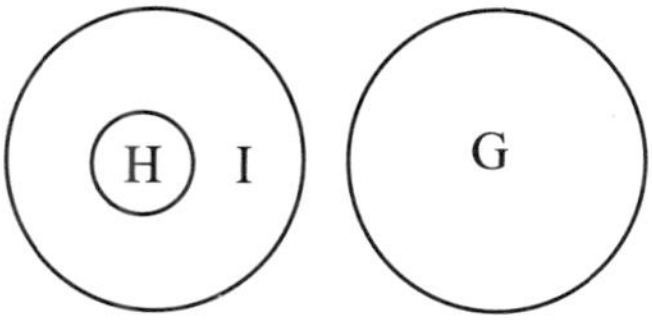

图 2-4

再一次，不用添加任何额外的元素，结论早已展现出来了：哈维不是好的宠物集合的子集。如果它是昆虫集合的成员，且昆虫集合与好的宠物集合没有任何交集，那么它必然不会是一个好的宠物，该前提必然意味着这个结论。

所以，全称肯定型和全称否定型这两种直言命题，均对关于哈维论证的前提 2 做出了有效贡献。但对于剩下的两类直言命题，情况则有所不同。

如果我们用特称肯定型命题“有些昆虫是好的宠物”作为前提 2，就会得到下面这个论证：

1. 哈维是一种昆虫。

2. 有些昆虫是好的宠物。

---

3. 综上所述，？

我们不能完成这个三段论，因为从当前所给的前提中，无法推出一个最终的必然结论。

该论证的问题在用文恩图表示时额外明显。前提 1 仍是代表哈维集合是昆虫集合的子集（图 2-5）。

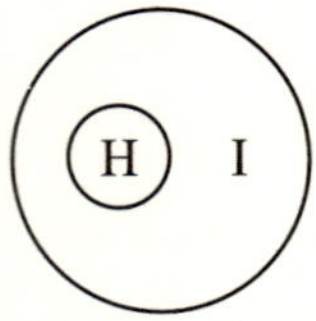

图 2-5

前提 2 告诉我们圆圈 G 应与圆圈 I 有部分重合，但它并没有告诉我们哈维在不在重合的那部分里。

如果哈维在重合的那部分里，那么如图 2-6 所示。

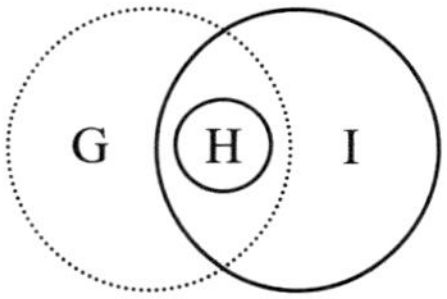

图 2-6

从这图 2-6 中可以看出，哈维是好的宠物集合的子集。

但如果哈维在重合的那部分之外呢？如图 2-7 所示。

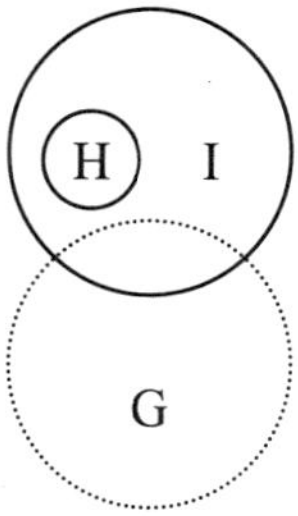

图 2-7

可以发现，哈维又不是好的宠物集合的子集了。

在这两个图中，我们用虚线来表示 G，以此来说明前提并没有告诉我们该如何去处理它的从属关系。无论这个基于前提

1 和前提 2 画出来的图是不是正确的，对于结论而言，都具有一定的不确定性。而对于演绎论证而言，其结论中是不允许有不确定性存在的。所以，在有关哈维的第三个论证中，我们无法画出一个有效的文恩图。

与之相似的问题也发生在用特称否定型的格式即“有些昆虫不是好的宠物”作为前提 2 的情况。

1. 哈维是一种昆虫。
2. 有些昆虫不是好的宠物。

---

3. 综上所述，?

我们也不能完成这个三段论，因为从这些前提当中无法推出一个最终的必然结论。

让我们尝试画一下文恩图，前提 1 和之前一样告诉我们：哈维是昆虫集合的子集（图 2-8）。

图 2-8

前提 2 告诉我们：昆虫集合中的一些成员可能不是好的宠物集合中的成员。如果哈维是这其中的一员，就可以画出图 2-9。

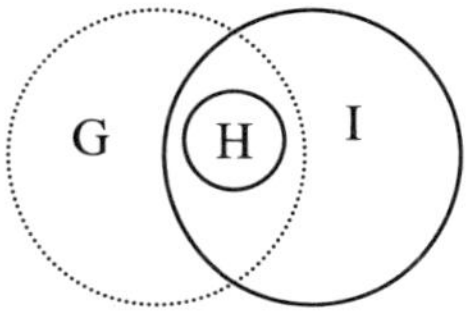

图 2-9

这同时也意味着昆虫集合中的一些成员也可能是好的宠物集合中的成员。如果哈维是这其中的一员，如图 2-10 所示。

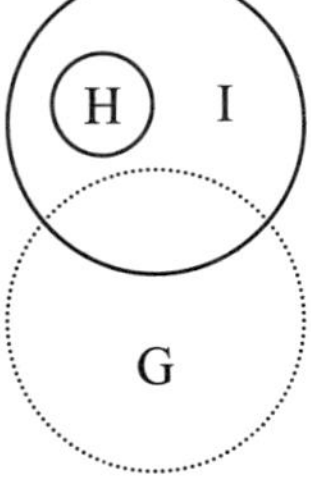

图 2-10

同之前的情况一样，这些前提并没有告诉我们哪一种情况才是正确的。

然而更麻烦的是，我们还有一种情况需要考虑。前提 2 告诉我们有一些昆虫不是好的宠物，但并没有直说是否仍有一些昆虫是好的宠物。通常来说，“一些不是”也意味着“一些是”，但情况并不总是如此。

想象一下，当你遇到人生中第一只穿山甲的时候，它想要咬你。于是在你向他人描述这段经历时，你会说“有一些穿山甲不是很友好”。这是因为你从未碰到过其他穿山甲，但你又不愿意承认有一些穿山甲是友好的。所以对你而言，你所遇到过的所有穿山甲都是不友好的。但你所知道的只是你遇到的那一部分并不友好，并不是它们全都不友好。所以，“有些不是”并不一定意味着“有些是”。同理，还说明“有些是”也不一定意味着“有些不是”。

对于哈维这个例子来说，前提 2“有些昆虫不是好的宠物”并不意味着好的宠物集合需要与昆虫集合有所交集，如图 2-11 所示。

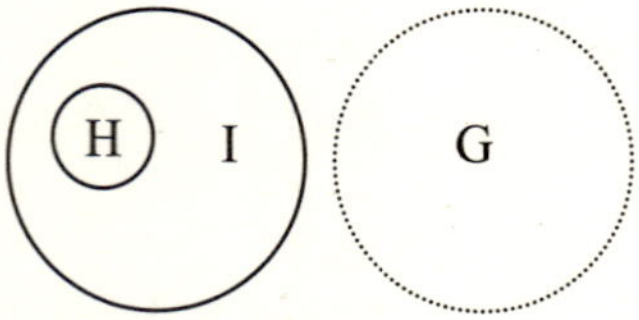

图 2-11

这样的解释巧妙地表明哈维不可能是好的宠物集合中的成员。但是，这种解释与之前的两个论证具有同样的不确定性！

简而言之，这四种不同的前提表述都让我们无法准确得出哈维从属关系的结论。也就是说，它并不是一个有效的三段论。

观察上述所讲的这 4 个三段论，我们通过保证前提 1 的不变，进而得到了 4 种可能的前提组合。但是前提 1 也有可能是其他种类的直言命题，除此之外，还有很多类似的方法能够使主项和谓项通过联项建立起关系。如果你很好奇一共有多少种方法，那我可以直接告诉你答案——256 种不同的直言三段论！尽管有着如此数量庞大的种类，而这之中只有 15 种是有效的。亚里士多德的学生想要找到一个简单的方法去判断一个论证是不是这 15 种之一，他们用元音来给每种类型的直言命题进行分类：

A	所有 X 是 Y	全称肯定型
E	所有 X 都不是 Y（没有 X 是 Y）	全称否定型
I	有些 X 是 Y	特称肯定型
O	有些 X 不是 Y	特称否定型

三段论中的每个步骤都必须是这四种直言命题中的一种。所以，每一步都可以用 A、E、I、O 来表示。也就是说，每个

三段论都有着一个由三个字母组成的代号。

例如，一个全部由全称肯定型构成的三段论，其代号就是AAA。一个在第一、第三步使用全称否定型命题，第二步使用全称肯定型命题，其代号就是EAE。

不断探索三个字母排序的意思是冗长且乏味的，因此，逻辑学家把它们扩展成了由三个音节组成真实名称。例如：AAA变成了Barbara，EAE变成了Celarent等。这使识别15个有效的直言三段论更为方便。

直言三段论的15种有效形式

下面是有关动物的15种有效的直言三段论，你可以用任意你喜欢的内容来替换。只要你遵循直言命题种类顺序的代号，就可以拥有一个有效的论证。

试试看你能否画出下面每一个三段论的文恩图。用与每个类别有所关联的字母来表示主项、谓项和联项，若出现了相同的字母，就用另一个与该类别中有所关联的字母来代替。如果前提对应多种可能的情况，则用虚线来画圆。从第一个前提开始，再加入第二个前提，然后，结论就直接显现了出来。由这些已知的前提，你会发现，我们只能唯一性地得出一个结论，这也是为什么我们认为该论证是有效的。你可以在本书最后的参考答案中，找到这些三段论的正确文恩图。

Barbara（AAA）

1. 所有的狗（D）都是哺乳动物（M）。

2. 所有的哺乳动物都是动物（A）。

---

3. 综上所述，所有的狗都是动物。

Celarent（EAE）

1. 没有一种狗（D）拥有翅膀（W）。

2. 所有的贵宾犬（P）都是狗。

---

3. 综上所述，没有贵宾犬拥有翅膀。

Darii（AII）

1. 所有的狗（D）都是色盲（C）。

2. 有些宠物（P）是狗。

---

3. 综上所述，有些宠物是色盲。

Ferio（EIO）

1. 没有一种狗（D）会开车（C）。

2. 警察部队（M）中的一些特殊成员是狗。

---

3. 综上所述，警察部队中的一些成员不会开车。

Cesare（EAE）

1. 没有一位爱狗人士（D）是多愁善感的（S）。

2. 所有的爱猫人士（C）都是多愁善感的。

---

3. 综上所述，没有一个爱猫人士是爱狗人士。

Camestres（AEE）

1. 所有的猫（C）都有着软软的毛（F）。

2. 没有鬣蜥（I）有软软的毛。

---

3. 综上所述，没有鬣蜥是猫。

Festino（EIO）

1. 没有猫（C）会说话。

2. 这个盒子里的一些小动物（B）会说话（T）。

---

3. 综上所述，这个盒子里的一些小动物不是猫。

Baroco（AOO）

1. 所有优秀的宠物（G）都是可爱的（L）。

2. 有些猫（C）是不可爱的。

---

3. 综上所述，有些猫不是优秀的宠物。

Disamis（IAI）

1. 有些蠶蜥（I）很好看（B）。

2. 所有的蠶蜥都是蜥蜴（L）。

---

3. 综上所述，有些蜥蜴很好看。

Datisi（AII）

1. 在这个农场中所有的狗（D）都是牧羊犬（C）。

2. 在这个农场中的一些狗是凶猛的（F）。

---

3. 综上所述，有些牧羊犬是凶猛的。

Bocardo（OAO）

1. 有些猫（C）不吃肉（N）。

2. 所有的猫都是哺乳动物（M）。

---

3. 综上所述，有些哺乳动物不吃肉。

Ferison（EIO）

1. 没有皮带（L）能困住蛇（W）。

2. 有些皮带保证对所有动物都起作用（G）。

---

3. 综上所述，有些保证对所有动物都起作用的东西无法对蛇起作用。

Camenes（AEE）

1. 所有的驯兽师（A）都必须具有耐心（P）。

2. 没有一个有耐心的人会是混蛋（J）。

---

3. 综上所述，没有一个混蛋的职业是驯兽师。

Dimaris（IAI）

1. 有些蜥蜴（L）生活在沙漠里。

2. 所有的沙漠居民（D）都是全球变暖的受害者（V）。

---

3. 综上所述，有些全球变暖的受害者是蜥蜴。

Fresison（EIO）

1. 没有一个动物爱好者（A）会支持这项政策（V）。

2. 有些支持这项政策的人是农民（F）。

---

3. 综上所述，有些农民不是动物爱好者。

在每个三段论中，总是由结论来决定哪些成分是主项，哪些是谓项。剩下的那个成分，会在前提中出现两次，而最终于结论中消失的就是联项。例如，对于 Barbara 来说，联项就是字面上的中间项。

1. 主项—联项。

2. 联项—谓项

---

3. 综上所述，主项—谓项。

但是，联项并不一定要位于中间才能起到桥的作用。事实上，之所以会得到这么多不同的三段论，部分原因就是我们不停地将各个词项移来移去。再来看一下 Bocardo 的例子：

1. 有些猫不吃肉。

2. 所有的猫都是哺乳动物。

---

3. 综上所述，有些哺乳动物不吃肉。

结论揭示了哺乳动物是这个三段论的主项，不吃肉是谓项。这也就是说，它遵守下面这个格式：

1. 联项—谓项。

2. 联项—主项。

---

3. 综上所述，主项—谓项。

即使改变了前提中词项的顺序，也不会影响结论的推导，联项也依旧不会在结论中出现。所以词项的顺序并不十分重要，这仍是一个十分高效的连接论证格式。

作为一名批判性思考者，你或许会感到有一些压力，但不用太担心，因为我们最为常用的就只有 Barbara。你最需要着重去注意的是辨别出你所阅读的文章所具有的传递链。

就当前而言，最重要的是弄明白亚里士多德的三段论原理是如何为论证分析带来一个良好的开端的。

三段论不会让你轻易从当前阅读的内容中跳脱出去，因为你需要在作者的推理过程中挖掘出各个类别之间的关系。通过练习，你可以更快速地识别出这些连接点。然而，三段论原理中最重要的一个特点就是它的传递性。抛开其他所有的不谈，你几乎总能在三段当中找到下述这种传递链：

1. X 是 Y。

2. Y 是 Z。

---

3. 综上所述，X 是 Z。

不需要任何额外的要求，只要能够去辨别和避免在传递中所犯的错误，就是批判性思考者应具备的基础能力。

5 种三段论推理中常见的谬误

尽管对于我们来说，三段论是很容易就可以做出的，但同时也很容易犯几种常见的错误。这些错误被称为“谬误”，它指的是推理过程中的所有错误，如果你不了解它们，也就无法完全避免它们。在这里，让我们来了解其中最常见的 5 种。

谬误 1：未周延的联项

在这种谬误中，两个前提都不能完全描述联项中所包含的全部成员。因此，联项无法有效地连接主项和谓项。

假设你在一个酒会上遇到一个叫杰瑞的人。他每喝一口酒，身上的夹克衫就会多敞开一点。这时，你忽然注意到在他的衣服里藏着一把手枪。你的脑海中可能会浮现出下面的想法：

1. 所有的便衣警察都随身携带枪支。
2. 杰瑞随身携带枪支。

---

3. 综上所述，杰瑞是一名便衣警察。

于是，你之后可能会跟你的朋友说，在这个酒会上有一名便衣警察。然而，从标准形式的推理来看，很容易就会发现你的结论无法从前提中推理得出。如上所述，从结论中很容易就可以判断得出哪些词项是该论证的主项和谓项，即杰瑞是主项，便衣警察是谓项。把这个想法放到三段论中写出如下关系式：

1. 谓项—联项。

2. 主项—联项。

---

3. 主项—谓项。

携带枪支是联项，因为它象征着消失了的连接桥。但是对于这个例子而言，它并没有完成这个工作。于是我们可以得出一个结论：这种推理模式总是无效的。

如果你为该论证画个图，很容易就可以证明这条结论。让我们先画出第一个前提，如图 2-12 所示。

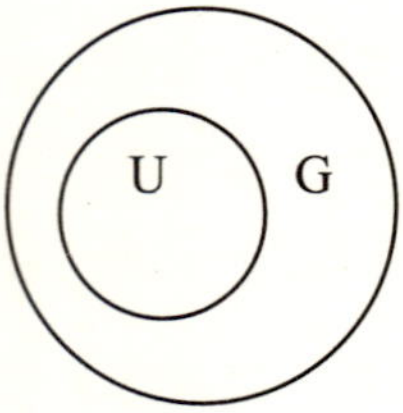

图 2-12

它说明了便衣警察（U）是携带枪支人员（G）中的一部

分。但我们该如何加入第二个前提呢？它说明了杰瑞是携带枪支人员集合的一个只有唯一元素的子集，由此可得出杰瑞（J）所代表的圆圈必然在 G 的里面，却无法确定它是否在 U 的里面（图 2-13）。

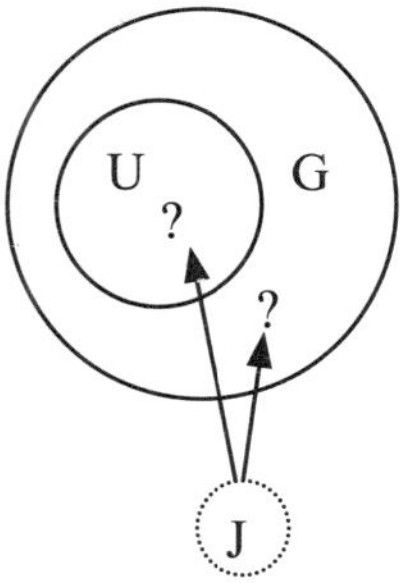

图 2-13

所以该论证的结论是没有合理依据的，它的存在完全建立在假设“J 应该在 U 的里面”，但我们现在已经知道，这并不是百分百确定的，而这也是该论证无效的原因。换一种学术一点的方式来说就是：该联项未被周延。如果一个类别的全部外延都被计算在内，就是周延的；反之，则是不周延的。在有关携带枪支的三段论当中所犯的谬误就是其联项不周延，因为它没有对类别“携带枪支人员”的全部外延做一个判定。

为了使这个论证具有有效性，其第一个前提“所有的便衣警察都随身携带枪支”必须加以改变。换句话说，它必须转换一下联项和谓项的位置，改成“所有的携带枪支者都是便衣警察”，于是就得到了一个全部外延都被计算在内的联项。它告诉我们携带枪支者这个集合是便衣警察集合的子集。然后就可以得出一个真相：杰瑞是携带枪支者集合中的一个成员，那么必然也是便衣警察。当然，这第一个前提必然是错误的，因为不可能所有的携带枪支者都是便衣警察。

谬误 2：对谓项的不当处理

在这个谬误中，包含三段论谓项的前提不能解释谓项所描述类别的全体成员。考虑下面这个例子：

1. 所有的警察都很勇敢。　　联项—谓项
2. 没有一个罪犯是警察。　　主项—联项

---

3. 综上所述，没有一个罪犯是勇敢的。　　主项—谓项

该论证的第二个前提把警察（P）与罪犯（C）区分开来，但是我们无法确定罪犯这个集合与谓项勇敢（B）之间的关系。

如果要为这个论证画出文恩图，那么从图 2-14 开始。

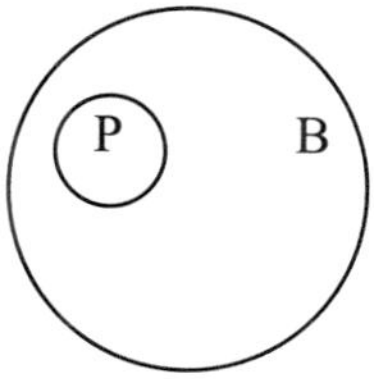

图 2-14

第二个前提引导你在 P 外面额外画一个圆圈来表示罪犯的集合 C。但是 C 应该在 B 的外面还是里面呢（图 2-15）?

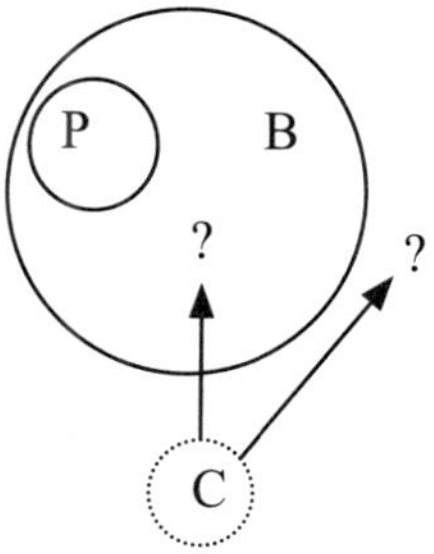

图 2-15

我们并不知道。但其结论毫无任何理论依据就假定了它应该在集合 B 的外面，这也就是为什么我们说其无法从前提中推出一个具有唯一性结论的原因。

谬误 3：对主项的不当处理

在这个谬误中，与上述相同的错误发生在了包含主项的前提中。考虑下面这个例子：

1. 所有的罪犯都是危险的。 联项—谓项

2. 所有的罪犯都是有趣的。 联项—主项

---

3. 综上所述，所有有趣的人都是危险的。 主项—谓项

第一个前提告诉我们，罪犯（C）这个集合是危险的人（D）集合的子集，由此可画出图 2-16。

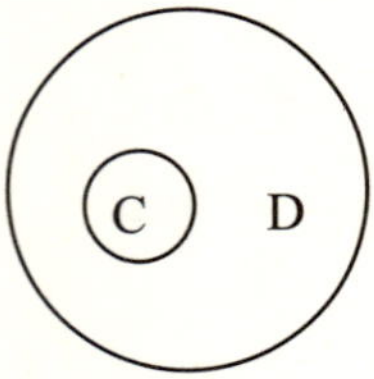

图 2-16

第二个前提告诉我们，罪犯这个集合同时也是有趣的人（I）集合的子集，从而可以画出图 2-17。

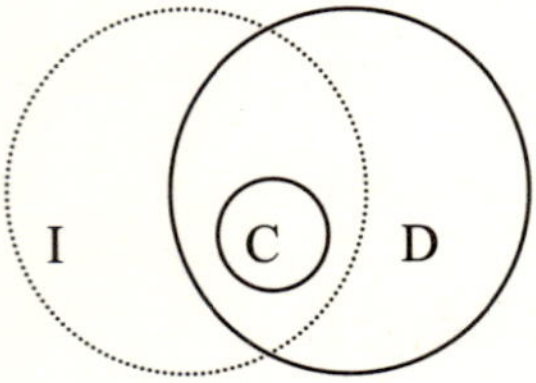

图 2-17

该三段论的结论告诉我们圆圈 I 的全体都应该在圆圈 D 之内，但这是其所具有的前提无法保证的。因此，这个结论做了一个无效的推论。

谬误 4：互斥前提

在这个谬误中，两个前提相互否定。因此，无法在主项和谓项之间建立起有效的连接。考虑下面这个例子：

1. 没有危险的人被邀请参加这个派对。　谓项—联项
2. 一些参加这个派对的人不是间谍。　联项—主项

---

3. 综上所述，一些间谍不是危险的人。　主项—谓项

很明显，这里有太多自相矛盾的地方，希望各位读者不要做出这样糟糕的论证！

第一个前提告诉我们，危险的人（D）这个集合与被邀请参加派对（I）这个集合完全独立，没有交集。于是，可以画出图 2-18。

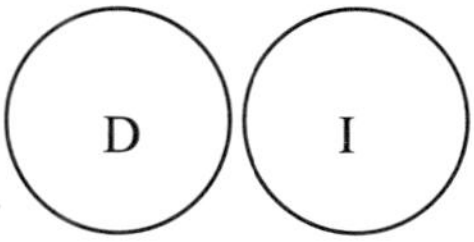

图 2-18

第二个前提告诉我们被邀请参加派对这个集合不是间谍（S）集合的子集。但让间谍集合与圆圈I有图2-19这样的交集是有一定不确定性的：

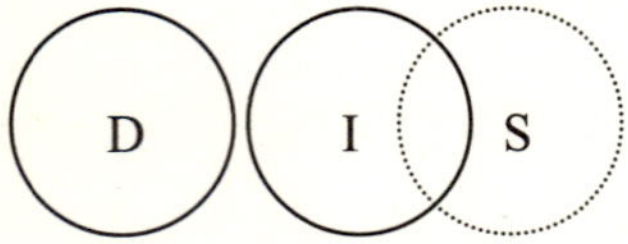

图 2-19

这个图暗示出这样的结论：一些间谍不是危险的人。但尽管如此，第二个前提却并没有给我们这样的保证。

虽然第二个前提说明一些间谍未被邀请到这个派对，但这并不意味着另外一些就被邀请了。“没有间谍被邀请参加这个派对”与“一些间谍未被邀请参加这个派对”的说法是一致的。所以，我们也可以说S实际上是危险的人这个集合的子集，换句话说，我们可以在图上简单地添加第二个前提（图2-20）。

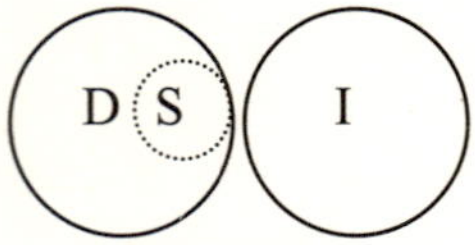

图 2-20

在这个例子中，结论是错误的。回想一下“有效性”的定义。

一个论证是有效的，当且仅当其前提是真实可靠的，而且其结论绝不可能是错误的时候才成立。但在该论证过程中，我们却发现：其前提为真，而结论却是错误的。综上所述，该论证是无效的。

谬误 5：否定前提推出肯定结论

在这个谬误中，论证者尝试从否定的前提中推出必然的结论。例如：

1. 没有间谍是可敬的。	主项—联项
2. 不可敬的人应被枪决。	联项—谓项
3. 综上所述，所有间谍都应被枪决。	主项—谓项

第一个前提告诉我们，间谍（S）这个集合与可敬的人（H）集合没有交集。由此可画出图 2-21。

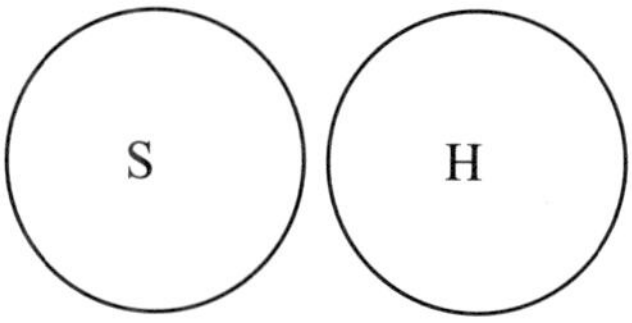

图 2-21

第二个前提告诉我们，可敬的人这个集合与应被枪决的人（D）集合没有交集，但是我们不知道该在图中何处添上这个

D，因为我们不知道其与 S 之间的关系。

D 可以与 S 有交集（图 2-22）。

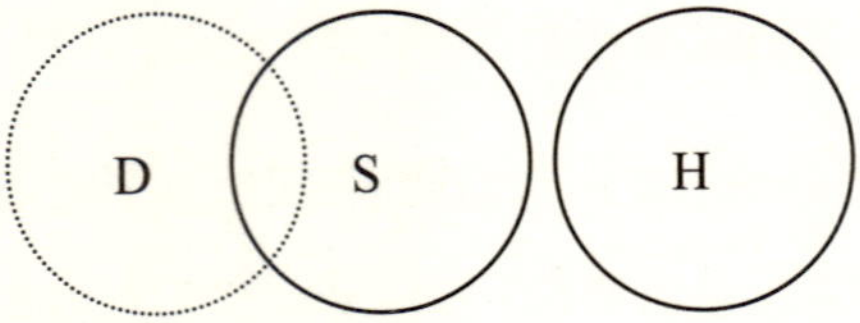

图 2-22

D 可以是 S 的子集（图 2-23）。

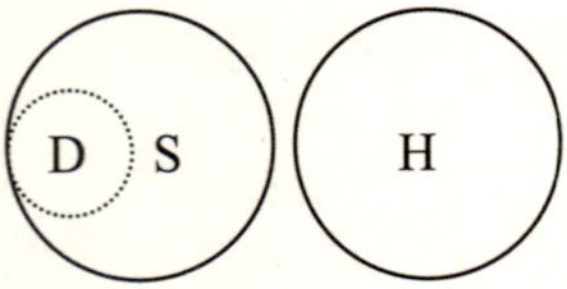

图 2-23

S 可以是 D 的子集（图 2-24）。

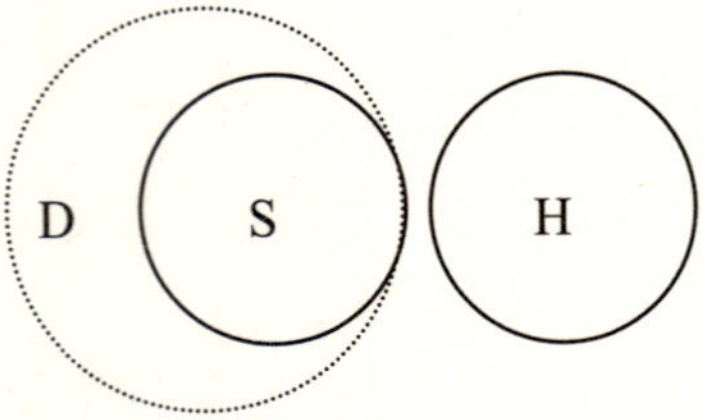

图 2-24

而该论证的结论在没有任何依据的情况下选择了最后一种情况。

最简单的避免这个谬误的办法就是牢牢记住：两个前提中任意一个是否定的，其结论必然也是否定的。

这些相关的知识对于了解亚里士多德关于直言三段论的原理就已经足够了！通过多次练习这样的推断和画文恩图来表示它们有助于加强你的逻辑推理能力。但重要的不是记住这15种有效的三段论或是这5种最常见的三段论谬误，而是弄明白前者如何保证有效性，后者又是如何破坏有效性的。一旦你掌握了有效性的观念，就会有能力去使用比直言三段论更复杂的论证形式，我们将在下一章讲到。

练习

在下文中识别出Barbara形式的直言三段论，并用有效的（演绎的）标准形式来重建它们：

1. 主项—连接桥。
2. 连接桥—谓项。

---

3. 综上所述，主项—谓项。

通过下面5个步骤来完成：

步骤 1：创建一个空白的，由 3 个步骤组成的标准形式：

1.

2.

---

3. 综上所述，

步骤 2：向其中填入一个有着明显主项和谓项的直言命题结论。记住，结论是作者最主要的核心，也是最想要向你说明的事情：

1.

2.

---

3. 综上所述，S 是 P。

步骤 3：复制 S 到前提 1 中合适的位置上；同理，也复制 P 到前提 2 合适的位置上。

1. S 是______。

2. ______是 P。

---

3. 综上所述，S 是 P。

步骤 4：找到可以连接主项和谓项的连接桥或联项。

1. S 是 M。

2. M 是 P。

---

3. 综上所述，S 是 P。

步骤 5：通常来讲，你可以随意把作者的想法用自己的话表达出来，这种表达有很多种方法能够做到。但为了检查自己是否正确，可以用文恩图来表示自己的三段论，并将自己的答案与书后的解答作对比。

古典文学

在本章的开头提及，雅典几乎在整个民主时期都陷入了战争。而在公民的构成中，分成了 10 个部落，每个部落都是一支军队，因此成为公民就意味着成为士兵。雅典的民主制注重在和平时期城市内部是如何运转的，忽视了公民的日常生活方面。务农与战争是雅典公民最日常的活动，这与现代生活有着很大的区别。宗教对这两种活动同时有着很大的影响，因此，它是民主雅典人民的生活支柱。

Hugh Bowden, *Classical Athens and the Delphic Oracle: Divination and Democracy* (Cambridge: Cambridge University Press, 2005）, p. 151.

章后总结

1. 直言命题是对两个类别之间的关系进行判定的命题。每一个直言命题都由两个部分组成：主项和谓项。主项是直言命题中指称事物的词语，谓项是事物是否具有某项特质的短语。直言三段论的最终目的就是通过推理得出一个直言命题。

2. 直言命题有四种不同的类型，分别是：全称肯定型、全称否定型、特称肯定型、特称否定型。

3. 直言三段论共有 15 种有效形式。

4. 直言三段论推理中常见的 5 种谬误分别为：未周延的联项、对谓项的不当处理、对主项的不当处理、互斥前提、否定前提推出肯定结论。

CRITICAL THINKING

03
语句逻辑

把论证变成有具体的形状和样式的，把其中一些复杂的句式看成一个固体的球状，这时你就可以亲眼看见它、双手拿着它甚至把它带回家，这样，你就成功一半了。

——拉尔夫·瓦尔多·爱默生

A BEGINNER'S GUIDE

正如在前一章中看到的那样，一个直言命题保证了两个类别之间的关系。关于直言命题的一个经典范例就是：

人终有一死。

这个命题保证了所有在人这个集合中的成员同时也是终有一死集合中的成员。从亚里士多德时代到今天，这个经典的直言命题常被用来阐述三段论的逻辑：

1. 所有的人都会死。

2. 苏格拉底也是人。

---

3. 综上所述，苏格拉底也会死。

如果这些前提是真实可靠的，那么结论就不

可能会是错误的。

直言三段论阐明了直言命题之间的关系。尽管仅凭这一点就可以使背后的逻辑更加清晰，但逻辑学家并不满足于将自己局限于直言命题。不仅仅是他们，任何一名批判性思考者都不会满足于这种局限。你会渴望拥有这样一种能力，能够阐述直言命题和其他种类命题之间的联系。而这，就为我们带来了“语句逻辑”的概念。

语句逻辑（sentential logic），也被称为“命题逻辑”（propositional logic），用于研究不同种类命题之间的联系。

假言命题（条件命题）

在语句逻辑中最为核心的就是假言命题，也是我们在日常的论证中经常会用到的。假言命题是以“如果……，则……”为语句形式的命题。“如果”部分在假言命题中被称作“前件”，“则”部分被称为后件。

考虑下述苏格拉底的狗阿戈斯这个例子：

> 如果苏格拉底必有一死，则阿戈斯也必有一死。

这个命题运用了逻辑上的运算符“如果……，则……”来连接两个直言命题。前件包含了直言命题“苏格拉底必有一死”，后件包含了直言命题“阿戈斯必有一死”。

这个逻辑上的运算符“如果……，则……”表明了两个直言命题之间的联系。通过第一个直言命题的真实性来保证第二个直言命题的真实性。也就是说，如果前件的真实性是可靠的，那么后件的真实性也是可靠的。

你或许会发现，这样的连接与论证有效性的定义是相似的：如果前提是真实可靠的，其结论必然也是真实可靠的。这种相似性并非巧合，假言命题保证了其在逻辑上的推理方法与演绎论证相似。

在假言命题的两个部分中，即有关苏格拉底的和有关阿戈斯的，均为直言命题：前件“苏格拉底必有一死”告诉我们“苏格拉底”是“必有一死”这一类别当中的成员；同理，后件“阿戈斯也必有一死”告诉我们“阿戈斯”也是“必有一死”类别当中的成员。通过阐述类别之间的从属关系，直言命题就可以尝试去表明一个事实。即使是一个错误的命题，如“苏格拉底是个女人”，但它仍然是在尝试去阐述一个事情。也就是说：直言命题是一种事实命题。

假言命题最大的优点就是它不仅能连接两个事实命题，还能连接两个任意种类的命题。对于批判性思考者来说，规范命题的重要性仅次于事实命题，也被称为“规范声明”。如果说事实命题告诉我们世界是什么样的，那么规范命题就是在讲这个世界应该是什么样的。例如：

苏格拉底应当将每一天都活得有价值。

这个命题传递了一个价值观上的判断，而不是一个事实。所以该命题不是事实性的，而是规范性的。

规范命题是十分常见的，下面就是一些规范命题的例子：

文森特·科克利应被判以最大量行。

我应该买混合动力汽车。

性欲应通过转化为其他形式进而得到释放。

罗伊诉韦德案应判败诉并且堕胎这种行为应被明令禁止。

“应该”有很多同义词，例如“应当”“理当”“最好这样”等。规范命题也可以是否定的，像“不应该”“不应当”“不可以”“……是错误的”等。能够辨别规范命题十分重要。因为它们通常承担着一个使命，即表达作者结论或是作者想要最终描述出的一个推论，而这就是一个论证中最重要的部分。

假言命题中的运算符“如果……，则……”可以像下述这样连接起事实命题和规范命题：

> 如果苏格拉底必有一死，则他应当将每一天都活得有价值。

还可以连接两个规范命题：

> 如果苏格拉底应当将每一天都活得有价值，则阿戈斯也应当将每一天都活得有价值。

把规范命题中的元素添加到直言三段论中是可以达成的。语句逻辑和假言命题运算符“如果……，则……”为规范命题提供了更有效的方法。假言命题的运算符还可以连接预言命题，预言命题告诉了我们这个世界将会变成什么样。例如：

> 苏格拉底将会在 6 个月内死于癌症。

预言命题从本质上来讲就是关于未来的事实命题，科学家们就经常做这样的预言命题。例如，一个医生就会用这样的预言命题来展示他的结论：苏格拉底将会在 6 个月内死于癌症。尽管如此，非科学性的论证也经常会使用预言命题。例如：

> 如果苏格拉底将会在 6 个月内死于癌症，则他应当被允许现在就退休并得到政府的抚恤金。

在这里，预言命题是规范命题的前提条件。我们很容易就可以想象出一位律师或是一个哲学家在他的论证中使用这个假言命题。

还有个值得一提的命题种类是反事实条件命题，反事实条件命题告诉我们如果其前件为真，那么这个世界将会变成什么样。例如：如果苏格拉底是上帝，则他应该永生不死。

这个命题并没有说苏格拉底是永生不死的，而是说他应该是永生不死的，或他将会是永生不死的。只有当满足前提如果他是上帝而不是一个普通人时，他才应该是永生不死的。

当你在反驳他人的观点时，反事实条件命题是非常有用的。例如，有些人可能会说：

> 如果苏格拉底被允许现在退休并且领取政府的抚恤金，则其他患有癌症的病人也应被允许做同样的事情，那么政府就会破产。

这个反事实条件命题就反驳了之前的规范命题。

作为一名批判性思考者，你将会遇到包含直言命题、假言命题、规范命题、事实命题、反事实条件命题等种类丰富的论证。在推理过程中，灵活应用语言逻辑的规则有助于你按逻辑顺序厘清它们。

推理规则

尽管我们有着无数种办法可以用多个不同种类的命题来做出一个好的论证，但其中有 6 个模式经常重复出现，我们也需要多花费一些时间和精力学习，才能更有效地在其他人的论证中将它们辨别出来。同样，我们也必须具有用这些方式书写自己论证的能力。

假言三段论

假言三段论是推理规则中一种对于可迁性推理的直接应用。让我们回想一下关于可迁性最简单的示例：

1. X 是 Y。
2. Y 是 Z。

---

3. 综上所述，X 是 Z。

在这里，变项 Y 就是 X 和 Z 之间的连接桥。如果 X 是 Y 并且 Y 是 Z，则 X 必然是 Z。这是一个有效的演绎论证的标准形式。

现在尝试用演绎论证的方法从两位嫌疑人文森特 · 科克利和麦克 · 迪尔中判断出谁是在 7 月 10 日晚上于街角的食品杂货店中枪杀卡桑德拉·托马斯女士的凶手。你与一个叫道恩·拉米的年轻人进行了面谈，她发誓自己亲眼看到迪尔杀害了托马斯女士。于是你做出了如下推理：

1. 如果拉米说的是真的，则迪尔就是凶手。
2. 如果迪尔是凶手，则科克利就是无辜的。

---

3. 综上所述，如果拉米说的是真的，则科克利就是无辜的。

这就是假言三段论。因为它的前提形式使中项成了连接第一个成分和最后一个成分之间的连接桥，因此，它是具有可迁性的。假言三段论与我们之前所学的直言三段论之间最大的区别就是假言三段论中的每个逻辑变项都是一个命题，而在直言三段论中则是单个词项。

由此可以用符号来代表关于托马斯女士被杀案的假言三段论：

A = 拉米

B = 说的是真的

C = 迪尔

D = 凶手

E = 科克利

F = 无辜的

1. 如果（A 是 B），则（C 是 D）。

2. 如果（C 是 D），则（E 是 F）。

---

3. 综上所述，如果（A 是 B），则（E 是 F）。

在这个命题中，（C 是 D）就起到了连接（A 是 B）和（E 是 F）的作用。

因为在假言三段论中，逻辑变项是一个命题，而不是单一词项，所以逻辑学家经常用单独的大写字母来表示这些命题，以将之视为一个单独的集合。事实上，他们已经默认指定用大写字母 P、Q、R 和 S 作为这些单一集合的标准符号。因此，该假言三段论的标准符号表示如下：

1. 如果 P，则 Q。

2. 如果 Q，则 R。

---

3. 综上所述，如果 P，则 R。

必须记住：你需要把一个完整的命题放到单一的变项中，

并且在论证过程中，需要保持两者的一致性。你可以使用任何一种命题，只要你能准确无误地应用这些命题的符号，最终肯定会得到一个有效的论证。

当你的结论取决于一些未知的因素时，假言三段论就是一个很好的选择。在上面的例子中，我们无法得出科克利是无辜的结论。只能得出“如果拉米说的是真的”，则“科克利就是无辜的”。假言三段论之所以被称为“假言”，恰恰是因为允许结论中包含一个“如果”。

肯定前件式

肯定前件式与假言三段论相似，不同之处在于肯定前件式允许删除“如果”，从而得到一个肯定的结论。

假设拉米在说到她看到是迪尔杀害了托马斯女士时，通过了测谎仪测试。那么现在，你或许可以修改自己的原始推理：

1. 如果拉米说的是真的，则科克利是无辜的。
2. 拉米说的是真的（因为她通过了测谎仪测试）。

---

3. 综上所示，科克利是无辜的。

现在你得到了一个肯定的结论，结论中没有“如果”。

每个假言命题都由两个部分组成，“如果”部分被称为前件，“则”部分被称为后件。肯定前件式在第一个前提中推出该假言命题，在第二个前提中肯定其前件，这就保证了你所得出结论的真实性。

事实上，肯定前件式这个名字在拉丁语中就是“肯定前件的方法”的意思，用符号来表明“肯定前件式”就是：

1. 如果 P，则 Q。

2. P。

---

3. 综上所述，Q。

这种形式的推论，一般来说都是有效的。尽管通常来说我们在第一个前提中提出假言命题，在第二个前提中肯定前件，但是也可以更换这两者的顺序，这个操作并不会对最终得出的结论造成什么影响。

肯定后件谬论

如果你在肯定前件式中交换前提的顺序，不会对结论造成任何影响。但你若是交换两个变项的顺序（P 和 Q），结果就大为不同。肯定前件有一个“邪恶”的孪生兄弟叫肯定后件，只要你交换了 P 和 Q 的顺序，该谬误就会产生，并且会立刻导致这个论证的整体崩塌。因为这个谬误与肯定前件式极其相似，所以大多数人很容易就把这样的论证错误地认为是有效的，但事实上并不是，你必须明白其中的原因。

假设拉米没有通过测谎仪测试，你就无法进而判断她关于看见了迪尔杀害托马斯女士的证词的真实性。所以你再次询问了关于科克利的不在场证明。他声称当枪击案发生的时候，自己正在隔壁的餐厅结账。于是在听完他的阐述后，你又去到那个餐厅询问给科克利结账的服务员。果真，服务员证实了科克利的话，并且表明她和科克利同时听到了枪声。

从上述论证中提取并精练信息，或许可以进一步加强自己的原始论证：

1. 如果拉米说的（关于亲眼看到了迪尔枪杀了托马斯女士）是真的，则科克利就是无辜的。
2. 科克利是无辜的。（因为当枪击发生时，他正和服务员待在一起）

---

3. 综上所述，拉米说的（关于亲眼看到了迪尔枪杀了托马斯女士）是真的。

尽管这个推理过程看上去是正确无误的，但事实上并不如此。它的结构可以用符号表示为：

1. 如果 P，则 Q。

2. Q。

---

3. 综上所述，P。

这就是肯定后件谬误，因为其中的两个变项发生了交换：步骤 2 肯定了步骤 1 中的后件（Q）而不是前件（P）。

如果你不再纠结于思考这些变项的问题，而是从整体上观察这个论证，那么你很容易就会看出该论证不具有有效性。因为科克利不是凶手，并不意味着凶手一定就是迪尔。或许就是因为拉米仇恨迪尔，于是谎称她看见了迪尔对着托马斯女士扣下了扳机，又或许她只是单纯地看错了人。但重要的是，如果我们能够证明这起枪击案是迪尔做的，就能说明科克利是无辜的。但反过来则是不成立的：证明了该案件不是科克利做的，并不能说明就一定是迪尔做的。

作为一名批判性思考者，无论如何都要尽可能去避免肯定后件谬误。但是，还有另外一种对肯定前件式的有效转换方式，即否定后件式。

否定后件式

否定后件式允许否定假言命题中的后件，进而得出其前件也不具备真实性的结论。我们可以通过扩展讲述先前的故事更加深入地了解这一点。

现在，科克利已经被证明是无辜的，但你需要去进一步判断迪尔是不是此案的凶手。于是，你去调查了他的不在场证明。据迪尔所说，在案件发生时，他一直待在莫斯科的一家酒店里。于是，你去了迪尔入住的酒店，把迪尔的照片展示给他们看，并询问在 7 月 10 日的下午，迪尔是否一直待在酒店里。其中一个店员回答说他在正午的时候有看到迪尔站在前台看报纸。在计算了酒店和案发地之间的距离后，你得出了结论：从客观现实条件来说，迪尔是来不及赶到案发地杀害托马斯女士的。因此，你又可以进一步改善自己的原始推理：

1. 如果拉米说的是真的，则迪尔就是凶手。
2. 但是迪尔不是凶手。（因为凶案发生时，他正在酒店里）

---

3. 综上所述，拉米说的不是真的。

这就是否定后件式。从中可以发现：第一个前提引出了一个假言命题，第二个前提否定了该命题的后件，最终所得出的结论就是对前件的否定。

“否定后件式”的符号表示为：

1. 如果 P，则 Q。

2. 非 Q。

---

3. 综上所述，非 P。

这种形式的推理通常都是有效的，尽管假言命题的引出通常出现在前提 1，在前提 2 中对后件进行否定。但是就算交换两者的顺序，也并不会对结论造成什么影响。

否定前件谬误

不幸的是，否定后件同样也有一个邪恶的孪生兄弟，叫作否定前件谬误。它发生于交换变项的顺序（P 和 Q），并且在交换的瞬间就破坏了该论证的有效性。

假设你因不可抗力因素而无法去酒店调查迪尔的不在场证明。于是，你转而决定去调查拉米所讲的故事，她声称在自己回家的路上，因为想要买一些香烟，所以在托马斯女士的杂货店逗留了一阵子。

听见枪响的时候，拉米正在洗手间里。她随即冲了出来，就看见迪尔从外套中掏出了枪，近距离枪杀了托马斯女士。尽管拉米看上去很真诚，但你之后又从她的同学那里得知：那天下午放学后，拉米去看了足球比赛。

现在，你可以去改进自己的原始推理了：

1. 如果拉米说的是真的，则迪尔就是凶手。
2. 但是拉米说的不是真的（因为枪案发生时，她正在看足球比赛）。

---

3. 综上所述，迪尔不是凶手。

乍一看，你会觉得这个推论是合理的，但实际上不是。它的结构可以用符号表示为：

1. 如果 P，则 Q。
2. 非 P。

---

3. 综上所述，非 Q。

这就是否定前件谬误，因为变项发生了交换：前提 2 否定了前提 1 中命题的前件（P）而不是后件（Q）。

经过仔细的观察和思考后，你就会明白为什么这个论证不是有效的。即使拉米说的不是真的，也并不意味着迪尔就不是凶手。或许拉米通过某些渠道得知是迪尔犯下了枪杀案，尽管她自己并没有亲眼所见。但总而言之，如果我们可以证明拉米说的是真的，迪尔就会被抓捕并被判以罪行。但我们否定了其前件的真实性，即拉米所说的真实性无法得到保障，于是无法判断迪尔是否有罪。

和肯定后件谬误一样，批判性思考者必须尽可能地避免否定前件谬误。尤其是当假言命题的前件和或后件是否定的时候，辨别这 4 种正确形式和谬误就会变得尤为困难。

我们以下述假言命题的标准形式为例：

1. 如果拉米没有在店里，则她没有目睹枪击的发生。
2.

---

3. 综上所述，

你会在步骤 2 和 3 中填写什么来使这个论证成为肯定前件式呢？

答案是：你需要去肯定前件以此来得出其后件是真实的结论。但是，需要额外注意：一旦前件是否定的，就意味着你要在步骤 2 中插入一个否定命题（步骤 3 中也是同样）：

1. 如果拉米没有在店里，则她没有目睹枪击的发生。
2. 拉米没有在店里。

---

3. 综上所述，拉米没有目睹枪击的发生。

乍一看，你会觉得这个论证是存在否定前件谬误的，因为前提 2 是否定的。但实际上，这是肯定前件式的一个完美例证。肯定前件式并没有要求步骤 2 是肯定的，而是要求其必须肯定步骤 1 中假言命题的前件，而这与该前件是肯定的或是否定的没有关系。

同样的道理也应用否定后件式，来看看之前未完成的标准形式论证：

1. 如果拉米没有在店里，则她没有目睹枪击的发生。

2.

---

3. 综上所述，

为了使这个论证是否定后件式的，你要在步骤 2 和步骤 3 中填写什么呢？

答案是：你需要否定后件以此来使结论中的前件也被否定。但这里需要额外注意，因为其后件本身就是否定的，在否定上再次否定，就意味着需要在步骤 2 中插入一个肯定的命题，步骤 3 中也是如此：

1. 如果拉米没有在店里，则她没有目睹枪击的发生。

2. 但是拉米目睹了枪击的发生。

---

3. 综上所述，拉米在店里。

乍一看，或许你会觉得在这当中是存在肯定后件谬误的，因为它的前提 2 是肯定的。但实际上，它是一个完美的否定后件式论证。否定后件式并没有要求步骤 2 是否定的，而是要求要否定步骤 1 中假言命题的后件，而与该后件是肯定的还是否定的并无关系。

简而言之，这些谬误都不是由前提 2 到底是否定的还是肯定的所引起的，而是由是否肯定了前件或否定了后件所造成的。你需要具有能立即辨认出这些论证是否已经丧失逻辑性的能力。如果到现在为止，你还没有发现这些谬误和它们的孪生兄弟（即肯定前件式和否定后件式）之间的差别，你可以自己举一些例子，并进行深入分析，直到完全理解。

归谬法

在学习论证推理时，一个非常重要的意义就是能够站在辩论的另一边去反驳自己的立场，这种推理的方法被称为“归谬法”。在与他人进行辩论时，这个方法非常有效。

到现在为止，每个在警察局的人都已经听说了托马斯女士被杀案，并且每个人都持有自己的观点和立场。有些人站在“相信拉米的话”这一边，他们认为，尽管拉米有很长一段时间都在看足球比赛，但她仍有足够的时间走进杂货店里，进而目击到这桩枪击案。坚持这种立场的人用下述肯定前件式来进行论证：

1. 如果拉米讲述的是真的，则迪尔是凶手。

2. 拉米讲述的是真的。

---

3. 综上所述，迪尔是凶手。

在另一方面，持“怀疑拉米的话”立场的人，认为迪尔的不在场证明证明了他的清白。他们用下述否定后件式的方法来进行了论证：

1. 如果拉米讲述的是真的，则迪尔是凶手。

2. 迪尔不是凶手。

---

3. 综上所述，拉米讲述的不是真的。

现在来看一下这两个论证，它们全都在步骤 1 中引出了假言命题，但是在步骤 2 中进行了不同的操作，这也是导致它们产生了不同结论的原因。这也就是为什么有人会说“一个人的肯定前件式论证，可能就是另一个人的否定后件式论证”。

否定后件式是质疑另一方论证的极其有效的办法，以其为基本的想法被扩展为一种更高效性的形式，就是归谬法。在归谬法中，目的不仅是反驳对方的论证，而是要将对方的论证简化为谬论。但是要谨记，把对手的论证简化为谬论并不等同于嘲笑。在逻辑学中，我们用术语“谬误”来代表“不可能性”。不可能性就是指某些事情不可能是真的，所以如果你证明了对方的观点是一种谬论的话，就可以说你成功反驳了他们。

归谬法通过假设支持对手观点的原因都是正确的，然后进一步展示这些假设是如何推出一个具有不可能性的结论的。例如，持“怀疑拉米的话”立场的人可能会进行如下论证：

要证明：拉米讲述的不是真的。

1. 假设拉米讲述的是真的。
2. 如果拉米讲述的是真的，则迪尔必须在 6 小时内从酒店赶到案发地。
3. 但是，一个人能够在如此短的时间内从酒店赶到案发地是荒谬的。

---

4. 综上所述，拉米讲述的不是真的。

注意，这个论证起始于“要证明……”这一行，这个信号告诉读者：该论证的前提 1 实际上是对立者的观点。如果没有这一步，读者们可能不会意识到前提 1 只是为了后续的论证而提出的。同样，还需要注意的一点是：在前提 2 中我们运用了反事实条件命题。这意味着该假言命题的前件与事实是相反的。

这时去听持“相信拉米的话”立场的人是如何反驳这个谬论将会非常有趣，或许他们会用到“选言三段论”。

选言三段论

选言三段论将一件事情归结为两个可能性，并在其中做出一个选择，以此来否定其中一个可能性，从而肯定另一个的真实性。

假设持“相信拉米的话”立场的人说迪尔可以通过给酒店的工作人员一笔钱，让他证明在 7 月 10 日的中午看到迪尔站在前台那看报纸（即使迪尔并没有这么做）。该立场的人同时给拉米安排了一个测谎仪测试，去证实她所讲的故事是真的：她提早离开了比赛场地，然后来到了托马斯女士的杂货店，也就是在这里她看见了与她相隔 10 步之远的迪尔枪杀了托马斯女士。

有了这些证据，持“相信拉米的话”立场的人可能会得到如下的论证：

1. 或是迪尔杀了托马斯女士，或是拉米搞错了。

2. 拉米不可能看错仅距她 10 步之远的人。

---

3. 综上所述，迪尔杀了托马斯女士。

这就是选言三段论，因为在其中间有一个选言命题“或是……，或是……”。

选言三段论用符号表示为：

1. 或是 P，或是 Q。

2. 非 Q。

---

3. 综上所述，P。

这种形式的推理过程通常是有效的。你可以简单地用“非P”来替换当前论证中的前提 2，从而得到一个新的结论：“综上所述，Q。”这与肯定前件式和否定后件式不同，在这种情况下，改变变项的顺序并不会对结论的真实性判定造成什么影响。

选言三段论是一种非常便利的论证形式，唯一的问题就是它要求把一个问题限制在两种可能性之间，而这通常是很难做到的。在这个例子中，持“相信拉米的话”立场的人在展示这两种可能性之前，还必须排除拉米撒谎的可能性。

当然，你可以用多个选言来组成一个选言三段论。假设你提出了 4 个选言，然后排除掉了其中 3 个，最终留下了 1 个。虽然理论上讲如何排除可能性并没有限制，但实际并不如此，并且你的对立方会针对你排除的具有最大可能性的选言进行反驳。这种反驳是一种谬误，且被人熟知为“假两难”（非此即彼），我们将在第 4 章中进行更深入的探讨。

对于我们手头上的例子而言，持“怀疑拉米的话”立场的人可能会提出另外两个可能性：测谎仪测试出现了差错以及拉米可能吸食了致幻类药品。于是，他们构造二难推理来进行辩论。

构造二难推理

二难推理与选言三段论很相似，但不再是从两个可能性中排除一个，而是深入探讨这两个可能性背后蕴含的意义，最后以一个选言来进行结尾。

持“怀疑拉米的话”立场的人可能会这样论证：

1. 或是测谎仪测试出现了差错，或是拉米吸食了致幻类药品。

2. 如果测谎仪测试出现了差错，则拉米就有可能是在撒谎。

3. 如果拉米吸食了致幻类药品，则她可能看错了。

---

4. 综上所述，拉米或是撒谎了或是看错了。

这就是二难推理，它把你从一个选言中的选择可能性带入了另一个选言的选择可能性中。

构造二难推理的符号表示是：

1. 或是 P，或是 Q。

2. 如果 P，则 R。

3. 如果 Q，则 S。

---

4. 综上所述，或是 R 或是 S。

构造二难推理就是将肯定前件式和选言三段论结合起来，不是肯定一个假言命题中的前件，而是将两个假言命题的前件都进行肯定。

如你所想的那样，针对一个单一的论证而言，我们仍有多种结合的方法。就我们现在所知的语句逻辑而言有 6 种主要的推理规则。通常来讲，3 个步骤或者 4 个步骤的标准形式可能不足以体现这些论证之间的细微差别。我们由此更应当关注如何用这些不同的方法来去构造一个更复杂的论证。

构成形式

提升自己对语言逻辑推理规则使用熟练度的办法就是去阅读和书写报纸上的评论。报纸中的评论有很多种不同的形式。

◎报纸的评论版通常包含了一些在某方面有着丰富知识的撰写人所书写的一些精短文章。

◎“致报社的一封信”通常是由普通的读者提交，但在报纸印刷前都会经过编辑细心挑选和修改。

◎“热门话题”则通常是由专栏作家就当下的一些热点进行一些普及和基础探讨。

但这些不同种类的评论都有着一个共同点，就是作者会针对一件事情找准自己的立场，并用论证的方法来捍卫自己的立场。其中一些论证明显具有更高的质量，阅读这些论证，就是批判性思考者提升自己的有效方法。

自从互联网时代到来，博客就为评论的发表提供了另一种有效的途径。大部分报社的网站上都含有一个到博客界面的跳转链接。但问题是，评论的大部分都是非常不正式且随意的论证，也不具有很强的逻辑性证明。而对于过去的报社而言，情况恰好相反，一篇评论需要经过仔细的编辑校对，并且若未经过深思熟虑，是绝不会发表的。但博客上会涌现出很多有趣的论证，比起学术性或专业性的写作而言，具有更高的可读性。

书写一篇评论，从选择一个感兴趣的话题开始。然后用一个简单的句子表明自己的观点，在这之后再罗列出支持自己观点的理由。最后，把自己的观点和理由连接起来。

让我们来看看下面这个例子：

标题： A 市的暴力犯罪

观点： A 市的市长应当增加安保警卫的数量。

原因：

1. A 市在过去的一年中发生了 7 起暴力犯罪，是这个国家内同等规模城市中犯罪率最高的。
2. 酒税在过去一段时间里被用来支付给新监狱的狱警，而这种行为基于一个虚假的承诺——监狱行业会为 A 市带来经济发展。
3. 预防犯罪行为远比惩罚罪犯要好得多。因为从监狱来的税收只会流向少部分的官僚，而安全的环境保证所造福的则是这个镇上的所有人。

逻辑：

1. 酒税或是用来加强安保能力，或是用在监狱方面。

2. 如果酒税被用在监狱方面，则所带来的财富应被所有人共享。

3. 但是这个财富无法被所有人共享。

---

4. 所以，酒税不应被用在监狱方面。

---

5. 综上所述，酒税应被用来加强安保能力。

这个论证包含了两个推理规则：选言三段论（步骤 1、4、5）和否定后件式（步骤 2 ～ 4）。

现在我们已经有了构思好的论证，接着就可以写下来了。

安保或监狱

惨无人道的谋杀案就发生在杂货店长卡桑德拉·托马斯身上，这又是对 A 市安保力度不足的一个指控。尽管 A 市在过去曾是一个安全祥和的小城，完全没有盗窃、谋杀等犯罪出现。但去年共发生了 7 起暴力犯罪，这使它成了整个国家中犯罪率最高的小城。

是什么导致了这惊人的变化？

过去，当地高达百万美元的酒税被用来雇用额外的警察巡逻。但当巴特利成为市长后，他用这笔钱来建造新的监狱，其导致的结果就是在安保方面的资金投入必定有所削减。

很多人对于这个新监狱抱有很高的期望，因为市长保证这将会促进A市的经济增长。但结果证明了这是一个谎言：大部分在这个监狱工作的人都只拿到了很少的工资，而这中间的大部分利润则是直接流进了贪污官僚们的口袋中。

这周，市长又提起了之前预算高达数百万美元的新建监狱计划。我们必须制止这种愚蠢的行为，并且让酒税再次用在加强安保上。安全是最珍贵的财富，应由众人平等共享。

可以看到，我们在其中添加了很多在标准形式中未体现出的有趣的小细节，而且我们并不是用推理的步骤来讲清楚其中的逻辑的。尽管如此，这篇文章因我们将之用富有逻辑的结构来仔细思考而受益很多。

通常将评论交给报社的人，不是以标准形式来书写论证的。尽管如此，如果他们是很优秀的作者，同样的逻辑也会引导他们的思维过程。

为了更好地说明这点，再来关注下述这篇文章，并重构其背后的逻辑。

测谎仪测试撒谎了

测谎仪测试也被称为测谎仪，这也是在好莱坞电影中正义一方常用的仪器。就像神奇女侠的真言套索一样，测谎仪能让那些为恶者无可辩驳。但是这个幻想与现实相距甚远。

> 测谎仪的工作原理是基于"假设"当人在撒谎时，身体上会出现一些无法控制的生理变化。当一个人被问及一系列相关问题时，测谎仪会测量并记录他的血压、脉搏、呼吸和皮肤电导率。
>
> 但问题是：一个说谎高手可能会学会如何控制他们自己的生理反应，而这已被一些著名的间谍活动证实了。
>
> 道恩·拉米是托马斯女士被杀案中至关重要的目击者，因为她声称自己亲眼看到了麦克·迪尔扣下了扳机，并且通过了测谎仪测试。但是拉米同时也是一个药物滥用者，而这一类人也常被看作深谙欺骗之术。要让首席法官在法庭之上承认她的测谎仪测试结果无疑是令人愤慨的。

我们要注意到，在这篇文章里并没有使用单一的假言命题。然而，在第二段的开头所提及的"假设"是用假言命题介绍了同样的逻辑杠杆。这启示我们可以用如下这种方法来书写标准形式论证：

1. 如果测谎仪测试的结果是一种可靠的证据形式，则所有的人在撒谎时都会有着无法控制的生理反应。
2. 但不是所有的人在撒谎时都会有着无法控制的生理反应。

---

3. 因此，测谎仪测试的结果不是一个可靠的证据形式。

我们在步骤 3 中用"因此"是因为这很明显还不是该论证

的结尾。作者在结论中所阐述的最主要观点是：法官不应该承认测谎仪测试的结果。于是，我们可以通过添加额外的步骤来达到此目的：

4. 如果测谎仪测试的结果不是一个可靠的证据形式，则在托马斯女士的案子当中也不应该被承认。

---

5. 综上所述，在托马斯女士的案子中，测谎仪测试的结果也不应该被承认。

这个由 5 个步骤组成的标准形式论证中包含了否定后件式和肯定前件式。在步骤 3 中，否定后件式论证的小结作为之后肯定前件式论证的前提 1，用以肯定假言命题中的前件。而步骤 4 引出了假言命题。回想一下，在假言命题中，前提 1、2 的顺序并没有特殊的规定，所以可能有很多种不同的方式去展现在这篇文章背后所隐含的逻辑。但上述或许是最合乎逻辑的一个解释，而且它让我们处于一个容易去评判它的立场上。

我们也可以对上述评论进行批判性探讨：

荒谬的标准

本人怀着震惊的心情读完了《测谎仪测试撒谎了》这篇文章，作者明显没有理解一句古话背后所蕴含的智慧：例外能反证规律。

在人类生理学方面，控制情绪反馈的部分叫作交感神经系统，当交感神经系统正常工作时，它是完全无意识的，无须加以任何额外刻意的控制。如果一个人可以自由控制自己的血压、脉搏，那么他的交感神经系统更有可能是出现了什么问题。

但这通常都是异常情况。可以这么说，为了让这个测试的结果是可靠的，只有当测谎仪测试对所有人都通用时，才可以说它具有 100% 的准确性。而且，只有当它具有 100% 的准确性时，才可能会被法庭所承认。但这是荒谬的，甚至最好的内科医生都在用着不太准确的测试来为病人做着关乎生死的决定。

例如，DNA 测试常被用来探测癌症。但就算是其中最新型的、最准确的测试也只有 95% 的正确率。而现在，我敢向你保证，这些医生仍是很乐于将这个测试的结果作为给病人确诊的证据，而这会给之后的治疗和手术带来决定性的影响。

生活中没有什么是能够百分百确定的，而这也是为什么例外能够反证结论的原因。

这篇回复的作者对之前论证中的前提 1 提出质疑。让我们来仔细分析一下，作者是如何并从中得出一个相反的结论的呢？我们可以用下面的标准形式来表示论证。

要证明：测谎仪测试不需要适用于全人类，也可以被法庭认可。

1. 假设测谎仪测试必须适用于全人类，才会被法庭认可。

2. 如果测谎仪测试必须适用于全人类才会被法庭认可，则只有当它具有 100% 的准确率才能作为一个可靠的证据形式。

3. 如果测谎仪测试必须具有 100% 的准确率才能作为一个可靠的证据形式，则所有的测试都必须具有 100% 的准确率才可以作为一个可靠的证据形式。

4. 如果所有的测试都必须具有 100% 的准确率才可以作为一个可靠的证据形式，则 DNA 测试也必须具有 100% 的准确率才可以作为一个可靠的证据形式。

---

5. 所以，如果测谎仪测试必须适用于全人类才会被法庭认可，则 DNA 测试也必须具有 100% 的准确率才可以作为一个可靠的证据形式。

6. 但是要求 DNA 测试必须具有 100% 的准确率才可以作为一个可靠的证据形式，无疑是荒谬的。基于最好的内科医生也只要求 95% 的准确率就可以判定一个人是否患了癌症。

---

7. 综上所述，测谎仪测试无须适用于全人类，也可以被法庭认可。

这个论证由我们在本章中所学到的两个推理规则组成：用归谬法的格式来构成框架，中间的假言命题迭代了 3 遍来使其与假言三段论一致。

由此可以举出更多的例子。例如：

选言三段论和肯定前件式：

1. 或是 P，或是 Q。

2. 非 Q。

---

3. 所以，P。

4. 如果 P，则 R。

---

5. 综上所述，R。

多次迭代的假言三段论和肯定前件式：

1. 若 P，则 Q。

2. 若 Q，则 R。

3. 若 R，则 S。

4. 若 S，则 T。

---

5. 所以，若 P，则 T。

6. P。

---

7. 综上所述，T。

选言三段论形式的二难推理和否定后件式：

1. 或是 P，或是 Q。
2. 若 P，则 R。
3. 若 Q，则 S。

---

4. 所以，或是 R 或是 S。
5. 非 R。

---

6. 所以，S。
7. 若 T，则非 S。

---

8. 综上所述，非 T。

这种构成的可能性是无穷无尽的！但我们无须承担这方面的压力，因为大部分真实的论证通常只由几个步骤组成。现在，让我们来做一些练习。

练习

阅读下面的报纸评论摘要，对之进行论证重构，并在其中寻找出本章所涉及的推理规则应用实例。与在前几章所做的练习一样，从构建一个空白的标准形式论证开始。首先在其中填写一个结论，结论是作者最看重并尝试向我们证明的部分。考虑到你必须填上之前未涉及的步骤并消除其他因素的不相关性，你可以先拿出一张草稿纸写下所有自己想到的可能性，直到理出一个清晰的逻辑条理。正确的方法不止一种，写出你所应用的推理规则，并将自己的结论与本书最后的答案进行对比。

贸易协定减少了就业机会

如果《北美自由贸易协定》真的是一份自由贸易协定，那么在其协议中只包括一两页有关消除关税的内容。

然而，《北美自由贸易协定》用 824 页构成大部头，却只说明了保护医药公司、银行和华尔街投资者的规则。反之，工人的保证措施、我们的生活环境以及食品安全相关的内容却都没有出现。

Sherod Brown, *USA Today*, Friday 29 February 2008, p.8A.

现在就行动起来去拯救鲑鱼

全球变暖对美国西部的河流流域产生的影响日渐深入，这就威胁了西部富饶的象征之一——野生鲑鱼。每年，它们的数量都在锐减，这都是由于小溪以及河流的温度上升所导致的。

就在上周，由于探测到奇努克鲑鱼的锐减速度过于惊人，美国政府的渔业管理人员禁止人们在加利福尼亚和俄勒冈海岸附近捕捞鲑鱼。

如果我们想要拯救鲑鱼，那么必须做到两件事：尽可能去减少导致温室效应的气体排放以及确保我们的水质良好足以面对已经开始并将持续很长一段时间的温室效应。这是一项对每条河流都要做的工作，每条河流都很重要。

Carl Pope, *Los Angeles Times*,
Friday 21 March 2008, p. A19.

缩小差距

如果我们什么都不做，得克萨斯州全州范围内的预算削减将加深在帕萨迪纳市学生之间本已存在的不平等。

所以，我们必须做点什么。

这也是为什么有些社区组织决定在周六的时候一起来探讨应该采取什么措施。其目的不仅在于让学校的管理人员和民选官员帮助我们的孩子，还在于让老师、家长以及这个社区里其他关心此事的人能够提出真正的解决办法。

Raúl Borbón and Susana Zamorano, *Pasadena Weekly*,
Thursday 13 March 2008, p.10.

《自然》杂志的一篇文章

这篇文章（摘自《自然》杂志）断言：没有智能设计的人类心智的出现是一个“无法实现的事实”。或许除了用科学证据去解释它以外，在这个断言中最值得注意的事情是编辑们承认了生物学中的智能设计问题可以用科学方法判定。如果支持或反对智能设计的证据可以被科学方法所衡量——正如《自然》杂志的编辑坚信的那样，则智能设计就是一个真正的科学推理了。然而，根据《自然》杂志所说，这是一个错误的推论。并且，如果他们认为从非科学的角度来讲，智能设计是错误的，则编辑们正在推进无神论理论，就如巴布朗克参议员所说的那样。

唯物主义者反对智能设计的主要论点是它不是科学。然而，正如《自然》杂志的编辑无意中清楚地阐释的那样，唯物主义者反对智能设计是一种自我反驳。他们认为智能设计不是科学，而这在科学上是错误的。然而，如果智能设计在科学上是错误的——如果人类心智是进化的产物是一个不容置疑的事实，而不是智能设计——则设计推理就可以用科学的方法来评定（声称、反驳），那么智能设计就是科学。或是编辑得出的结论是对设计推理进行科学分析的结果，或是编辑得出的结论是对设计推理进行非科学分析的结果，正如巴布朗克所说的那样，设计推理是无神论学冒充科学。

或是智能设计是科学，或是参议员巴布朗克所说的是正确的。

Michael Egnor, *The Discovery Institute: Evolution News and Views*, 18 June 2007.

章后总结

1. 假言命题是以"如果……，则……"为语句形式的命题。"如果"部分在假言命题当中被称作"前件"，"则"部分被称为后件。
2. 假言三段论是推理规则中一种对于可迁性推理的直接应用。假言三段论之所以被称为"假言"，恰恰是因为允许结论中包含一个"如果"。
3. 肯定前件式与假言三段论相似，不同之处在于肯定前件式允许删除结论中的"如果"，从而得到一个肯定的结论。
4. 否定后件式允许否定假言命题中的后件，进而得出其前件也不具备真实性的结论。
5. 归谬法的目的不仅是反驳对方的论证，而是要将对方的论证简化为谬论。
6. 选言三段论将一件事归结为两个可能性，并在其中做出一个选择，以此来否定其中一个可能性，从而肯定另一个的真实性。

CRITICAL THINKING

04 非形式论证的评估

在激烈的争论中，我们容易失去对真实的正确判断。

——普布里乌斯·西鲁斯

A BEGINNER'S GUIDE

对论证标准形式的重构使读者可以对该论证进行正式的评估，因为它可以以步骤形式表现出推理逐步递进的过程。所以，人们通常认为这是在书写文件时极其有效的一种方法，尤其是在应用于论文、文章或是信件时。形式评估包括对谬误的检查，事实上，我们已经学习了 7 种最主要的形式谬误：第 2 章中的 5 种有关三段论构成的谬误，第 3 章中的肯定后件谬误和否定前件谬误。这些谬误都被称为“形式谬误”，因为它们都直接导致了一个论证演绎有效性的崩塌，从而使作者的推理逻辑无法有效地串联在一起。

同样，非形式论证也可以用非形式的方法来进行评估。你甚至无须将其重构为标准形式，就可以发现其中的非形式谬误。当形式谬误发生时，它从客观上来讲是显而易见的，而非形式谬误更大程度上来说是主观的。也就是说，它是无法被证明或反驳的。那些做出含有非形式谬误论证的人，会使其论证的逻辑关联逐渐减弱，逐步降低该论证的说服力。但尽管如此，他们仍会基于上下文或是自己的目的来“捍卫”自己的观点。因此，这就取决于每个批判性思考者是如何看待自己是否接受了一个完全客观的论证实例。虽然无法证明非正式谬误，但是尝试从自己的论证和他人的论证中去辨别出这些谬误的存在，有助于更好地思考问题。

在这一章中，我们将会研究 15 种普遍却极具“破坏性”的非形式谬误，它们可大致分为 3 类：相干谬误、不当归纳谬误与歧义性谬误。

非形式谬误很少出现在学术或是专业性的写作中，因为这些写作在被印刷出版之前已经经过了多次仔细的校对和编辑，任何明显的错误都被修改过了。对于普通大众而言，非形式谬误更常见于博客或是网络，但最容易碰到非形式谬误的场合还是在人们的日常生活言谈中，也就是无意识论证的过程中。在任何一种情况下，情绪的波动都会对我们的理智判断造成一定程度的影响，进而使我们无法专注于支持或反驳某一观点。

为了更好地学习这 15 种非形式谬误，让我们来看一下就卡桑德拉·托马斯女士被杀一案，三位侦探的推理会议现场：

谁有罪?

人物:

派珀侦探：负责这起凶杀案的资深警员，隶属于警察局。

亨利侦探：私家侦探，被道恩·拉米（那个声称目击麦克·迪尔枪杀了托马斯女士的年轻女孩）的父亲雇用。

宾奇侦探：私家侦探，被麦克·迪尔（那个声称案发时，自己身在酒店的男人）雇用。

背景:

警察局的会议室。

5 种相干谬误

相干谬误所提出的前提（论据）从实质上来讲与结论（论题）的确立是无关的。

相干谬误 1：诉诸众人

诉诸众人谬误是将公众所流行的见解和大众所认为的“真相”来作为真正的真相所造成的谬误。

亨利在声称所有人都知道麦克·迪尔是有罪时，犯了诉诸众人谬误。诉诸众人常常出现于广告中，例如“所有人都爱百事可乐”，或许在我们的孩童时代，也会常常说：“妈妈，求求你了，所有人都有这个玩具了。”

流行见解常被看作错误论证的支持，主要有两个原因：第一，大多数情况下，它本身就是错误的，如果每个人都认同这个说法，那么从一开始就不会有争论的存在。第二，它很有可能被操纵了。人类从本性来说，会想要顺着大众潮流，跟从社会大多数人，想要成为大众的一部分。这也是为什么“诉诸众人”有时会被称为“乐队花车”谬误的原因。这意味着如果你不同意大多数人的观点，就将被从花车队伍孤立出来，独自一人。

但这种情况不应出现在严肃问题的探讨当中。历史上有无数勇敢的人愿与大众的观点为敌，只为追寻事实的真相。就像伽利略，在那个几乎所有人，甚至宗教的权威人士都将他的理论——地球不是宇宙的中心视作谬论时，仍义无反顾地坚守着。如果让大众来决定所有事情，那么我们的文明将永远不会有所进步。

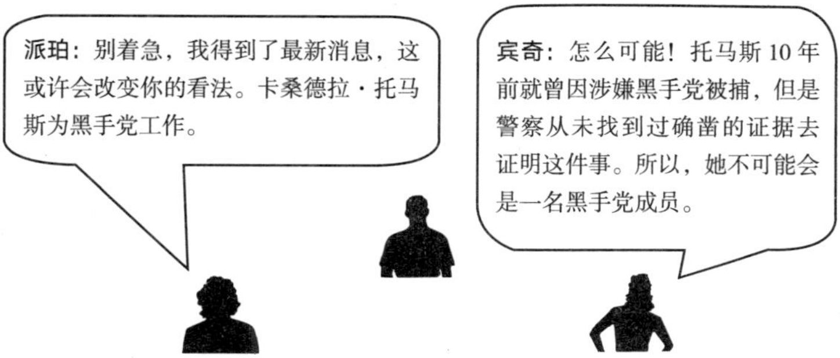

相干谬误 2：诉诸无知

诉诸无知谬误是在缺少证据的情况下，就对某一种可能性下判定所导致的谬误。

宾奇坚称托马斯女士不是黑手党成员，只因她从未被证明过是，这就犯了诉诸无知谬误。确实，在一个人被证明有罪之前，我们都要将他看作无辜的，但这并不意味着他完全没有犯罪的可能性。而宾奇将托马斯女士看作完全清白的，只因任何控告她的人都无法找到证明她有罪的有效证据。

缺少证据不能证明任何事情。虽然我们无法找到支持某个观点的证据，并不意味着这个观点是错误的。如果你去寻找支持或反驳某个观点的证据，但却失败了，最多只能说这个观点未被成功证明。

在很久以前，这个世界上的绝大多数人都坚信地球是平的。但实际上，已经有很多知识分子断言地球是圆的，然而在那个时候，这个断言是无法被证明的。所以，无法证明并不意味着它就是错误的。相反，多年之后，这些断言被证明是正确的。而在其他情况下，人类很有可能无法找到证实某个理论或者猜想的任何证据。而在这种缺少证据的情况下，我们就会提出一个局限于当前现有证据的理论。

相干谬误 3：诉诸不当权威

诉诸不当权威谬误是仅依赖于权威人士的话语而导致的谬误。

在很多论证中，合理引用权威人士的结论是有所助益的。例如，当你在犹豫是否要去野餐时，天气预报员关于是否会下雨的预测就是很可靠的。然而在日常生活中存在着至少 3 种运用权威却导致谬误的情况。

第一种，某一领域中的权威观点被应用在了另一个无关领域中。当亨利引用验尸官关于托马斯女士经济方面的认知时，就犯了这个错误。

第二种，某些人被看作权威，然而他们并没有与之相匹配的实力。例如，人们常常从朋友或亲人那里获得一些“专业建议”，就比如我的堂兄认为只要使用过滤嘴，抽烟就不会有那么大的危害。

第三种，传统思想可能会被看作权威。尽管这些思想在一些特定条件下会给我们一些启示，让我们有能力去寻找真正正确的做法，但它仍然缺少合理的理论支撑。毕竟从某种角度来说，奴隶制也可以看作一种传统。

因此，当我们在论证中引用权威的观点时，批判性思考者必须小心谨慎地去发现和处理那些无关的、没有资格的、不合理的“权威”观点。

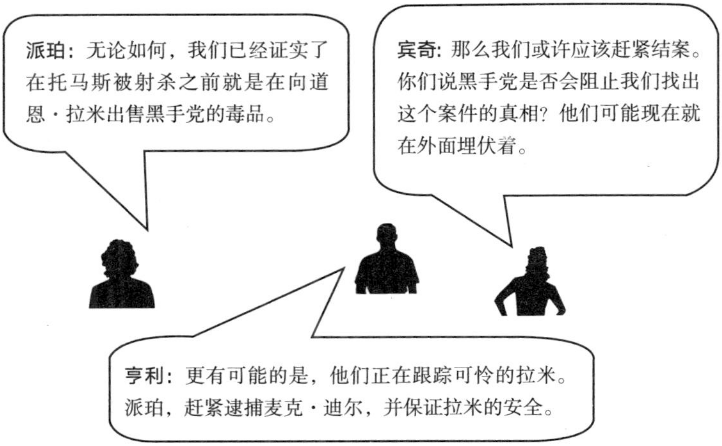

相干谬误 4：红鲱鱼

红鲱鱼谬误是改变主题的谬误。

在很多年以前，猎人用猎狗在野外追捕猎物。有时，他们需要运用一些东西来提醒猎狗该回来了。这个东西就是熏鱼，也常被人们称作“红鲱鱼”。当猎人拿出红鲱鱼时，它所散发的强烈气味就会吸引猎犬的注意力，从而不再追逐猎物，回到猎人的身旁。

人们常在论证的过程中，做出同样的事情，尤其是当对方的论证既合理又极具说服力，且自己的论证并不优秀时。这时，人们倾向于提出一个完全不相关的事情，以此来阻止对方得出一个足以反驳自己的最终结论。这样的情况也常发生在某些人无法完全专注于当下的事情时，会被突然出现的无关事情扰乱了论证的方向。

尽管有很多途径会触犯红鲱鱼谬误，但其中有两类极其普遍。

第一种是诉诸暴力，用武力或威胁来胁迫对手的谬误。宾奇触犯了这个谬误。

第二种是诉诸怜悯，因怜悯、同情而导致的谬误。亨利在尝试说服派珀逮捕迪尔，以此来保护拉米时，就犯了这个谬误。

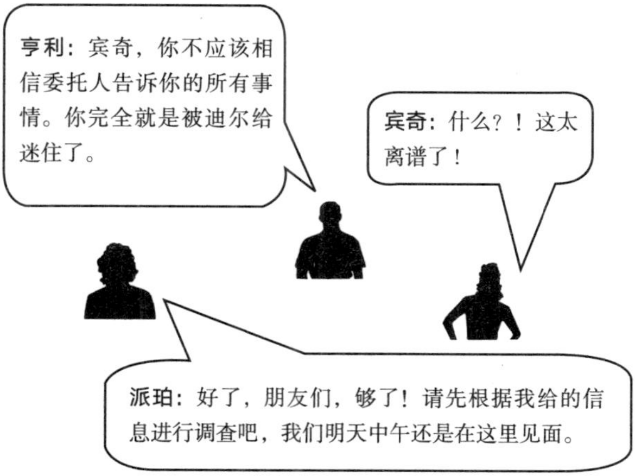

相干谬误 5：人身攻击

人身攻击谬误是指攻击对手会造成伤害的谬误。

做出一个优秀的论证是有很多要求的，当人们自身感到疲惫、失落或是伤心时，就会丧失一部分对自身情绪的控制力。政治学家认为这会造成“丑闻”，逻辑学家将其称之为“人身攻击”，意思是反对他人，并造成伤害。它主要有 4 种表现形式：

背景谬误：只因某人所具有的背景就得出含有偏见的观点所导致的谬误。宾奇在指责亨利认为迪尔是罪犯，是因为拉米的父亲向其支付了高额的佣金时，就触犯了该谬误。或许是因为如果迪尔是凶手的话，亨利能够得到更多的钱，但这并不能证明迪尔是无辜的。

诽谤：因想要在论证中获得胜利，而对对方加以侮辱和蔑视。亨利在说是迪尔的魅力使宾奇想要为他证明清白时就犯了这个谬误。这样的论证体现出了亨利在性别上的歧视，并且暗示宾奇的行为体现出了不专业性。

污泉：这也是人身攻击中的一种，常被称作为“投毒于井”。在这种谬误中，有些人会通过说一些有关对手的负面言论从而直接否定他们的观点。

相似非难：意思是“你也一样”，这通常也是指责对手伪善的方式。例如，假设亨利指责宾奇隐藏了对迪尔不利的证据，而宾奇又指责亨利也对拉米做了同样的事情，这就是一个典型的“相似非难”谬误。宾奇需要在发表自己的质疑前，先否定亨利对自己的怀疑，她一共犯了两个谬误。

需要注意，到目前为止，所有的人身攻击谬误都很容易通过提出一个全新的事情来进行转移，进而触犯红鲱鱼谬误。

5种不当归纳谬误

不当归纳谬误在确定结论真实性的逻辑推理中前提不足够充分或是存有错误。

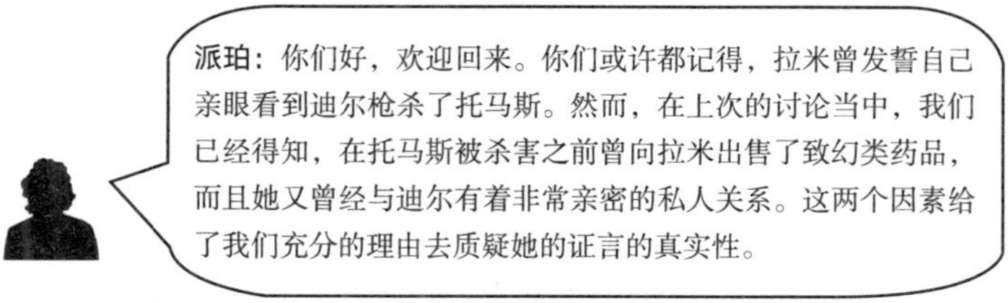

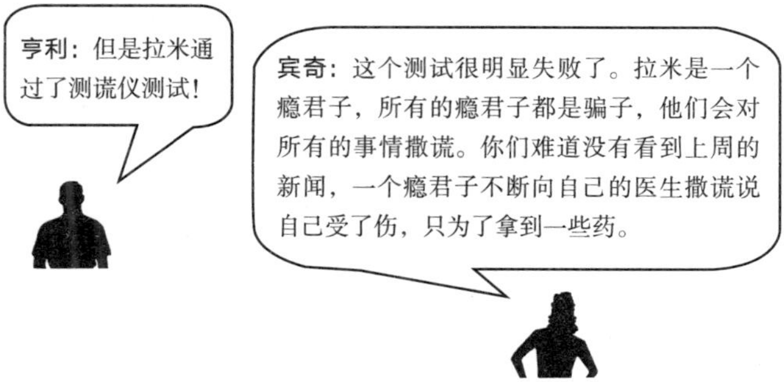

不当归纳谬误1：轻率概括

轻率概括谬误是指将特殊实例中的结论轻率地应用于大量普通案件中。

轻率概括发生在当团队成员之间没有体现出明显差异时，就草率地推出它适用于群体大众的结论。宾奇在上述论证中犯了双重谬误“所有的瘾君子都是骗子，他们会对所有的事情都撒谎”，但她只用了一个瘾君子为一件事情而不断撒谎的特例来支持她的观点。

大多数判断都是基于对现有信息的概括程度而得出的。思考一下这个简单的陈述命题“我喜欢看电影”，这并不是说他是一个狂热的影迷，想要把世界上的所有电影都看完，而是表现出一种喜欢的态度。

但是有的时候概括也会造成一些“偏差”，刻板印象就是一个很好的例子：在一个特定群体中，几个成员有着共同的特点就被看作这一特定群体的所有成员都具有这个特点。这样的判断就是不准确的，也是不公正的，因为在任一群体当中，每个成员都会存在着些许不同。种族歧视和性别歧视就是源于轻率概括而引起的人们根深蒂固的偏见。

不当归纳谬误 2：丐题

丐题谬误是指结论包含在前提中的循环论证谬误。

在上述对话中，派珀询问拉米是否可能会枪杀托马斯女士，他认为拉米可能是一个凶残的人。亨利辩称说拉米不可能杀害托马斯女士，因为她不是一个凶残的人，但是亨利如何知道拉米是否凶残呢？拉米是否凶残难道不是取决于她是否杀害了托马斯女士吗？因此，关于拉米的反驳是一个循环：拉米没有枪杀托马斯女士，因为她不是一个凶残的人；而她不是一个凶残的人，是因为她没有枪杀托马斯女士。

亨利不能把“拉米不是一个凶残的人”作为结论，而把“她没有枪杀托马斯女士”作为前提来进行推理。一个优秀的论证是从对手可以接受的前提开始，进而展示这些前提是如何推理得出你的最终结论的。如果你的对手肯接受这些前提，那么他必然也会接受你的结论。可以说，在前提中引用结论只是展现结论的另一种方法，但你必须给予对手一个与结论不同的前提才能说服他。

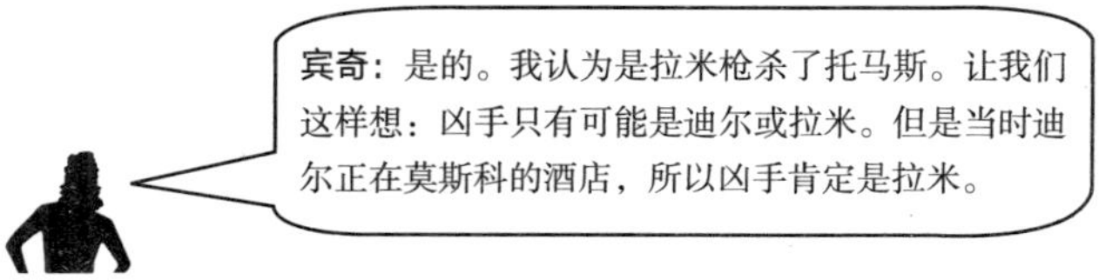

不当归纳谬误 3：假两难推理

假两难推理谬误是把选择的可能性归于两个（但其实并不全面）。

每当有人说你只有两种选择的时候，你都首先应该问一下自己是不是还存在着更多的可能性，在上一章当中，我们仔细学习了选言三段论：

1. 或是 P，或是 Q。

2. 非 Q。

---

3. 综上所述，P。

尽管，这是一个有效的演绎论证，但它的第一前提还是很“脆弱”，是否真的只有两种可能性？对手可能会客观评价说该论证犯了假两难推理谬误。

宾奇在假定凶手只有可能是迪尔或者拉米时犯了这个谬误。为什么只有这两种可能性？假两难推理是一种不当归纳谬误，因为它不合理地否定了其他所有可能性。

不当归纳谬误 4：虚假原因

虚假原因谬误认为是 X 导致了 Y 的发生，只因为 Y 发生在 X 之后。

虚假原因是拉丁语“post hoc ergo propter hoc”的简写，它的意思是在这之后所以归因于它。

派珀在说是拉米的父亲鲍克斯导致了他的电脑崩溃时，犯了这个谬误。在鲍克斯出现之后，派珀的电脑就崩溃了，并不意味着这一定是鲍克斯做的，但反过来说，也有很大的可能性是他做的。

为了判断一个人是否犯了虚假原因谬误，我们首先必须提出两个问题来询问自己：

问题 1：是否可以合理地推论出 X 是如何导致 Y 的？以及为什么。

有些人相信戴着自己的“幸运手链”去参加足球比赛可以帮助他们的队伍获得胜利，这就是一个典型的虚假原因谬误。因为它并没有解释“幸运手链”是如何以及为什么可以提高一个队伍的整体实力的。如果这个队伍在戴着“幸运手链”的时候获得了胜利，只有可能是一个巧合，并且这与信念之间的联系也是一种迷信的看法。

如果派珀能解释鲍克斯是如何以及为什么使他的电脑崩溃，我们就不会再质疑他犯了虚假原因谬误。

问题 2：X 和 Y 之间是否有共通原因？

如果你发现每次你的车库里有猫时，车就很容易熄火，你或许会认为是猫导致车发生故障的。但是，湿冷天气或许是猫和汽车都出现特殊现象的共通原因。在这个例子中，我们可以说这些现象的出现，是由一个共通原因造成的。

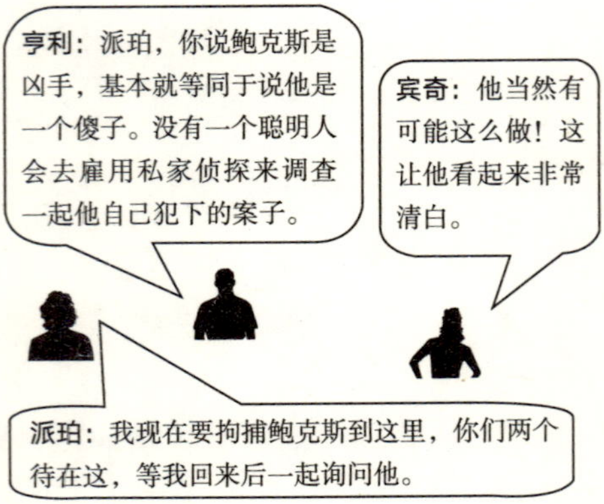

不当归纳谬误 5：稻草人谬误

稻草人谬误会过分简单化对手的观点，使它很容易被反驳。

反驳对手的观点可能是一件非常困难的事情，它的过程极为漫长、复杂，并且多数情况下面对的都是强有力的观点。对于一名批判性思考者而言，必须找到一个简化它们的办法，并在处理的过程中报以严谨的态度。

无须多说，一个稻草人是很容易被击倒的，甚至小孩子也可以做到。

通过过度简化对手的观点，从而对对方进行反驳就好像击倒一个稻草人一样，但是以一个假的目标替换掉一个真的，你并没有完成自己的任务，也无法给他人留下深刻的印象。

亨利在谈及派珀基本就是说鲍克斯是个傻子时，犯了此谬误。派珀并没有这么说，他只是决定把鲍克斯带到警局来询问。当某些人说到“这基本就是说……”时，你需要额外地注意，因为这十有八九是一个简化语句的前奏。

避免“稻草人谬误”的最有效方法就是去锻炼一种名叫“施惠原则”的逻辑：从最合适的出发点来思考对手的观点。如果你将对手的所有观点都看作正确的，进而着手去评价，那么你的论证就将更具有说服力。让我们来这样想：练武者总在比赛前互相鞠躬行礼，但他们绝不会对对手的弱点进行错误的评估。

5 种歧义性谬误

歧义性谬误是因为它们错误地理解了词意或是存在着模棱两可的意思。

歧义性谬误 1：自然主义谬误

自然主义谬误是从描述性陈述中推出规定性陈述所导致的谬误。

在上一章中，我们讲到过描述性陈述所讲的是事实，而规定性陈述应当是怎样的。该谬误正是由于想要从描述性陈述中推出规定性陈述，而两者之间又存有一定程度上的不同所导致的。

宾奇在建议亨利应当停止对他的委托人的辩护是因为他已经死亡时，触犯了这个谬误。她的论证可以重构如下：

1. 鲍克斯是一个已经死亡的委托人。

2. 你不应该为一个已经死亡的委托人辩护。

---

3. 你不应该为鲍克斯辩护。

当然，我们不能因为宾奇把她的论证以标准形式的方式展现出来而批评她，尽管这在口头论证中并不建议使用。但是，除此之外，这个论证毫无疑问是有效的。那么，问题出在哪里呢？

问题在于，宾奇并不知道自己做了一个关于价值的判断。她好像认为鲍克斯死亡的这个事实自然而然地就把亨利从他的义务当中解放了出来。也可以说，死亡这件事导致了鲍克斯的尸体最终会腐烂，但是亨利的这种解放是不可以与腐烂混为一谈的。作为一个物理过程：腐烂是一个终将发生的存在事实，这也是为什么它可以被死亡所导致，因为只有事实可以导致事实。而从义务中解放出来并不是一个物理过程，这是一个价值上的判断，尽管事实是可以影响价值判断的，但它并不决定性地导致价值判断。

在大多数自然主义谬误实例中，讲话人通常不会意识到自己从事实中推断出了价值判断。这也是为什么自然主义谬误被看作一种歧义性谬误。

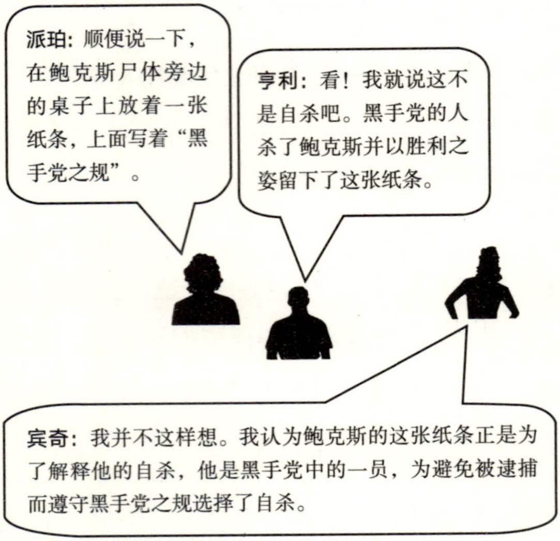

歧义性谬误 2：双关

双关谬误是通过对语句的不同解读，而使某个陈述有多个意思。

有很多论证都是因为误解而产生的。事实上，当双方花费很多时间去解释清楚自己的观点后，往往会发现其实没什么可争论的。

批判性思考者致力于尽可能清晰地写或者讲述，以免浪费时间在本无必要的争论当中。尽管如此，在盛怒之下，我们难免会说出一些不经大脑的话，而这通常是含有双关意味的。

有些时候，过于简短的语句更容易出现双关谬误。派珀在犯罪现场所找到的纸条“黑手党之规”就是一个双关的语句，因为它暗含着两个完全不同的意思。尽管在这之中并没有错误存在，但同样也并没有提供充分的信息。

还有的时候，双关是由于语法错误而导致的。假设亨利和宾奇要求为这张纸条安排一个笔迹鉴定以判断它是不是鲍克斯写的，派珀说道：

> “We have equipment to check the handwriting on the table.”
>
> （我们有仪器可以鉴定，写在桌子上。）

看完这句话，有些人可能就会写在桌子上。

而事实上他想说的应该是：

> “We have equipment on the table to check the handwriting.”
>
> （我们有仪器可以鉴定书写，在桌子上。）

这通常要求听者必须集中注意力在句子的内容上，以避免错误地推理它们。

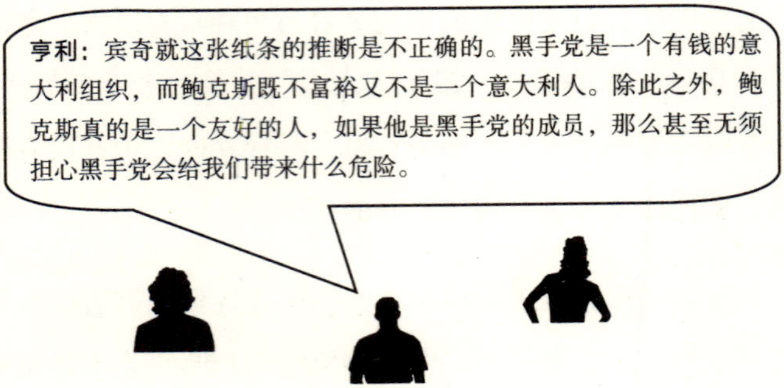

歧义性谬误 3 和 4：合成与分解谬误

合成与分解谬误是指错误地从部分性质推出整体性质以及错误地从整体性质推出部分性质所导致的谬误。

如果你在大街上看到一群愤怒的暴徒，那么判断这个群体中的每一个人都是愤怒的，是否合理呢？或许吧。如果你在一家餐厅有过一次非常不愉快的用餐体验，你是否会再也不去这家餐厅用餐了呢？或许吧。在这些事情中，你都是在做一个含有合成与分解谬误的推理。在第一个例子中，你是通过整体的性质推出了部分的性质，在第二个例子中你是从部分的性质中推出了整体的性质。合成与分解谬误是非常常见且极易导致错误的，因为整体与部分常常表现出相同的特点。

尽管如此，在合成与分解谬误中，有些情况还是很容易让读者陷入困惑。亨利在否认鲍克斯是黑手党成员，因为黑手党是一个有钱的意大利组织而鲍克斯既不富裕又不是意大利人时犯了分解谬误。一个组织，很容易招到具有不同特性的人。相反，亨利同样也触犯了合成谬误，正如我们所知，如果黑手党雇用了鲍克斯，那么这必然是一个无害的组织，他的推理是如果这个组织中的一个成员是无害的，那么这个组织都是无害的。这就是合成谬误，部分个体的性质并不完全等同于整体的性质。

同理而言，对单独个体来说也是如此，一辆汽车可以在高速公路上加速、减速，但你不能说仪表盘也可以这么做。同样你也不能因为一辆车的仪表盘很丑就说这辆车很丑。

合成、分解谬误的发生往往是源于从部分到整体的无效推广以及从整体到部分的无效细化。

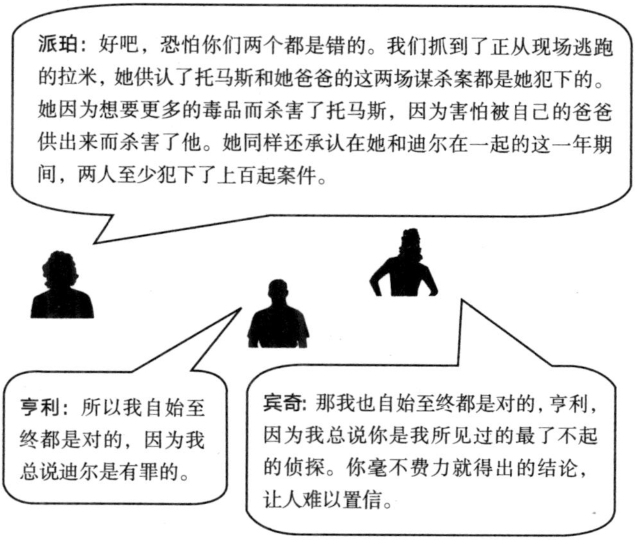

歧义性谬误 5：歧义谬误

歧义谬误是以不同方式去应用同一个词语所导致的谬误。

批判性思考者花费了很长时间去定义这些术语。否则的话，就会有 一个类似双关的情况发生。

例如，自由既可以被理解为有能力去选择自己的命运，也可以是政治权利。有些人认为我们是自由的，而这种自由的感觉可能与他人的自由感觉是有所不同的。所以，如果不明确是哪种自由，那么再进而进行讨论或者决定就是无用的了。如果你从其中的一个意思忽然转向到另一意思，你就犯了歧义谬误。

歧义谬误通常用于垂死挣扎，把讨论的内容扭转一下，以体现自己并没有说错。亨利说自己从始至终都是正确的因为他一直都知道迪尔有罪，但是这里与他开始时所说的意思有所差异。开始时他说迪尔是有罪的是因为他认为是迪尔杀了托马斯女士，但现在是说他带坏了拉米。这两者之间是有着很大的差别的。前者是犯法的，后者则不是。

宾奇最后对亨利的讽刺挖苦同样也是一种歧义。词语“effortless”有着完全相反的两个意思，一个积极，一个消极。所以我们可以用完全不同的两种思考方式来理解宾奇对亨利的评价。当然，我们也不能否认宾奇在这里是故意犯这个谬误来开一个玩笑的可能性。

希望这个故事提供了优秀的范例能够帮助你去记忆这些非形式谬误，让你在日常生活中能够更轻易地去辨别出它们，下面这些练习就是提高熟练度的很好办法。

练习

在下述这些文章中，辨别出非形式谬误的实例。文章的作者将如何在你的质疑中捍卫自己的观点？你又会如何修改他们的论证来避免发生含有谬误的推理？与本书最后的答案相互对比来提升自己的回答吧。

如果不是现在，那是什么时候

我们都知道俄亥俄州陷入了经济问题，我们曾努力试图将那些未来可期的毕业生们留在这里。我们的民意代表没日没夜地工作以提供就业机会，并且尝试吸引更多的公司将俄亥俄州作为他们的经营基地。阿克伦市的市长已经将促进经济发展作为了首要任务。

完成这个目标的一个重要因素就是通过平等住房和就业法案，而这上周才在俄亥俄州参众两院中被提及，这个法案将会禁止由性取向和性身份所引起的歧视。

民意调查显示年轻的专家们更喜欢居住在富有多样性的城市中，

很多成功的企业都会采用反歧视方针，他们深知只有这样才能吸引更多新的优秀人才。这些公司寻找着支持这样政策的地方。

除此之外，俄亥俄州的选举人甚至居民都已经做好准备去面对和接受这样的法律。其中 66% 的人说他们会支持在房屋和就业方面的歧视禁止。

现如今，已经有 20 个州和哥伦比亚特区都已经禁止了性的歧视，还包含俄亥俄州中的 15 个城市。但不幸的是，在这 15 个城市当中，只有 1/5 的人真正受到了保护。

现在，我们终于有机会在阿克伦市和俄亥俄州为剩余 4/5 的人提供同样的保护。

让我们去尽力制止这样毫无情感的冷漠歧视吧。让我们去帮助俄亥俄州提高他们的经济收入。让我们通过发出自己关于支持平等住房和就业法案的声音来促成一个美好的结局吧。

Ingrid C. Kunstel, *Akron Beacon Journal*,
Tuesday 18 March 2008, p. A8.

全球变暖还是全球骗局

专门负责气候变化的专家小组所做出的最终结论像是一本权威书籍。

大众先前所共同认可的结论——人为作用污染了我们的星球，其实是一种舆论，但是大家罗列出了很多不同角度的观点去支持它。

我们的世界正在不断发展，所以它需要更多的能量。即使保持现有的人均碳排放量不变，也可能意味着人们的生活水平无法进步甚至于引起这个世界上穷人极度贫困，更不用说减少它们了。

这是为了什么呢？

接受如《京都议定书》这样的约定，通过减弱繁荣的自由市场经济贸易达到在下个世纪到来之前将全球温度降低 0.04 摄氏度的目的，但这个标准定得太低以至于难以测量。

但是就算完成这个微不足道的目标，在这将近一个世纪的时间里也要花费上万亿美元，并且这笔费用不会来自某一个我们所幻想触不可及的地方或是所谓的“全球资源”，而是从你我的身上扣除。

毕竟，当提到“这需要我们共同的努力”时，它的真正意思就是每个美国人都必须负担这当中的一部分费用。

与其这样，还不如把精力放在研究如何在第三世界中用喷洒 DDT 的方式来消灭致使数百万人死亡以及经济作物凋亡，人们陷于饥饿和饥荒的猖狂疟疾；以及反对那些使这个世界经济增长速度放缓的那些事情。

Investor's Business Daily, Monday 19 November 2007.

章后总结

1. 非形式谬误主要分为 3 类：相干谬误、不当归纳谬误与歧义性谬误。

2. 相干谬误主要包括诉诸众人、诉诸无知、诉诸不当权威、红鲱鱼（诉诸暴力、诉诸怜悯）、人身攻击（背景谬误、诽谤、污泉、相似非难）5 种类型。

3. 不当归纳谬误主要包括轻率概括、丐题、假两难推理、虚假原因、稻草人谬误 5 种类型。

4. 歧义性谬误主要包括自然主义谬误、双关、合成谬误、分解谬误、歧义谬误 5 种类型。

CRITICAL THINKING

05 立场

真理源于朋友之间的争论。

——大卫·休谟

A BEGINNER'S GUIDE

到目前为止，我们已经完成了有关评判形式以及非形式论证的技巧说明，运用这些技巧，你将有能力去反驳最富有经验的对手。可以说，这些能力就是你论证的基石。在最后一章中，我们会研究如何就一件事情来提出我们自己观点的 3 个主要步骤。

为了说明这 3 个步骤，我们必须写下所有能想到的相关联、可能会用到的观点，一份表明对某一问题自己所持见解的论文。尽管这种论文更多是应用在学生中，但是事实上，它背后所蕴含的能力在工作中也起着超乎想象的作用。各个领域的工作几乎都会要求你在会议上就某个极具争议的话题来发表自己的想法和观点。在这种情况下，你或许不太会想拿着向你的观众们“朗诵”一篇论文，但你可以提前把自己的想法写出来。一般情况下，人们很容易就会觉得自己有着一个万无一失的建议，但等你开口讲述时，却发现像是一团乱麻。一旦整理出了有着基本形式的论文时，就会发现自己的推理逻辑是极为顺畅且富有逻辑性的。正如我们敲击键盘以此来打出想要的字，打出每个字的拼音都是顺理成章的。

你在工作或者学习中所要处理的事情涉及的潜在知识肯定与本书所讲述的不完全一样。所以，我们干脆来讨论一个每个人或多或少都会有一定经验的共通话题——浪漫的爱情。

哈佛大学认知科学家史蒂芬·平克的《心智探奇》① 一书，多年来一直十分畅销。

在这本书中，平克提出了一个极具挑战性的有关人类行为新理论，这个理论产生了持久的影响。2008 年 1 月，《时代》周刊曾问过平克有关“浪漫的爱情”的问题，他再次声明所有关于这个话题的观点都收录于《心智探奇》那本书中。现在，让我们看一下平克关于“浪漫的爱情”的理论是如何讨论的，然后再写出自己所能想到的所有可能立场。

解释 / 重构

写出一篇优秀论文的第一步就是阅读，对主题的熟悉度越

① 史蒂芬·平克的《心智探奇》《当下的启蒙》《白板》《语言本能》《思想本质》中文简体字版已由湛庐文化策划，浙江人民出版社出版。——编者注

高，所做出的论证可信度也就越高。这就是说，你最好还要阅读这个主题的延伸材料，尽可能去了解现已存在的观点。

当你开始思考这个问题，并且尝试去从某一角度加以解释时，要辨别出哪些人的观点可能会成为你最初的对手。无须多说，你会看到很多不同的观点，但你不能质疑全部，并且在每一次质疑中都要做到足够小心谨慎。特别是要控制自己不去挑选那些很轻松就能反驳的角度，这很容易让你无法察觉自己犯了稻草人谬误。除此之外，你还会很想选择那个对自己观点最具威胁性的立场作为对手。有些人可能在最开始的时候，就得到了自己的同事或者朋友的帮助，并且由此得出了一个极为优秀的论证。还有的时候，对手的论证可能优秀到使你需要再次考虑甚至改变自己的观点。

当你找到自己的对手以后，反复阅读他关于这个主题的论证，直到你找到了他论证中的核心部分，也就是论证的中心。为了展示这个过程，我们从《心智探奇》中选取了两段文字。

在第一段文字中，平克就他关于“浪漫的爱情”的理论给出了一个大致框架，他写道：

> 在本章中，我将阐述一个不浪漫的情感理论。它综合了心智计算理论和对生物系统的复杂设计进行反向工程的现代演化理论。我将说明的是，情感是一种适

> 应，它是与理智一道和谐运行、设计良好的软件模块，它也是整个心智机能不可或缺的一部分。情感的问题不在于它们是不可驯服的力量或是我们过去作为动物的遗迹，而在于它们的设计是为了传播构建它们自身的复制基因，而不是为了提升幸福、增进智慧或者完善道德价值。当一个行为对社会群体有害时，从长远上看会损害行为者的幸福，不可控制并不受劝说，或是自我欺骗的产物时，我们常会称这个行为是“情绪性的”。不幸的是，这些结果并不是功能失调。而正是我们所认为的设计良好的情感应该具有的。

平克认为，人类的情感，比如浪漫的爱情，并不是功能失调，而是由进化设计出来促使我们繁衍后代的机制。

这篇文章非常重要，因为它展示了平克关于“浪漫的爱情”的理论是适用于他对人性的描述的。平克告诉我们，这是由两个科学模型所构成的。第一个是“计算理论”，它认为心智是就像计算机一样的信息处理机器，这使平克可以将情感看作一个个独立出来的“软件模块”。第二个就是“演化理论”，认为现如今的人类是经过了几百万年“适者生存”法则所产生的物种。我们所具有的所有特质，包括情感，就是为了让我们通过对自身周围环境的适应进而可以成功地繁衍，并且这种“适应”会以基因的形式世代传递下去。你的立场应该用最简单明了的话语将自己的想法解释给阅读它的人，并基于他们可能的理解的程度着重标出一些关键词汇，如“设计模块”“适应”等。

罗列出这些关键词之后，就说明你已经做好论证“浪漫的爱情”的前期准备了。在同一章中，平克还写道：

> 为什么浪漫的爱情令我们心醉神迷，寝食难安又满心疑惑呢？它会是又一个似是而非的战术策略，就像将自己自缚于铁轨上吗？很有可能。愿意与某人共度一生并共同养育子女，将是你做出的最重大的承诺，而当承诺者无法食言时，这个承诺将最为可信。下面是经济学家罗伯特·弗兰克（Robert Frank）解释如何利用反向工程推理疯狂的爱的。
>
> 不感情用事的社会科学家和单身的退伍军人都同意男女间的约会堪称一个市场。不同的人在作为未来婚姻对象的价值上也有所差异。几乎所有人都同意合适的丈夫或妻子应当是貌美、聪明、善良、稳重、幽默和富有的。人们在能够接受自己的人中选择自己最想要的，这就是为什么大多数婚姻中的新郎新娘彼此之间的爱慕程度都大致相等的原因。然而，伴侣选择只是浪漫心理学的一部分，它解释了伴侣选择的统计数字，而不是最终的选择。
>
> 在这个有着70亿人口的世界的某个角落，总会住着一个最漂亮、最有钱、最聪明、最风趣，也最善良的

人和你刚好相配，但你的意中人却像是干草垛中的一根针一样，如果你执意守候对方出现的话，你很可能临死还孑然一身。独身生活是有成本的，比如孤独、无子嗣，独自借酒浇愁，晚餐（有时早餐）都无人共享。从某种程度上讲，与你目前所能找到的最佳人选共建爱巢是有好处的。

但这种计算将会使你的伴侣极为不稳定。概律法则认为，总会有一天你会碰到一个更心仪的人，如果你总是在寻找能够找到的最佳人选的话，到那一天你会甩掉你现在的伴侣。但是你的伴侣已经付出了金钱和时间，与你共同养育儿女，并放弃了其他亲密关系的机会。如果你的伴侣是世界上你最想要的人，他（她）自然没什么可担心的，因为你永远也不会背弃他（她），但如果不是这样，这个伴侣进入这种亲密关系就会显得很傻。

弗兰克拿婚姻市场与租赁市场做了比较。房东希望租房给最好的租户，但最终确定的只是他们所能找到的最好的租户；租房者想要最好的公寓，但最终确定的只能是自己所能找到的最好的公寓。双方在公寓上都做了投资（房东可能刷了租户最喜欢的颜色的漆；租户可能布置了永久的装饰），所以如果任何一方突然终止合约的话，对方都会受损。如果租户可以离开去找一个更好的公寓，房东就得承担公寓空置和寻找新租户的成本，并会收取更高的租金来涵盖这一风险，并且不愿刷漆。如果房东能够赶走现有的租户，并把房子租给一个更好的房客，原租户就得再找一个新家，那么他就会只愿支付较低的租金，而且不愿意费事保持公寓整洁无损，尤其是当他不得不承担可能被赶走的风险的话。如果最好的租户租到了最好的公寓，这种担心倒无须考虑，任何一方都不愿意终止合约，但既然双方都做到了妥协，他们通过签订租约来保护自己，使对方违约的成本高昂。鉴于同意限制自己收回所租房屋的自由，房东可以收取较高的租金。鉴于同意限制自己离开的自由，租户可以要求较低的租金。缺少选择对双方的利益都有好处。

婚姻法的作用就有些像租约，但我们的祖先需要在有这种法律之前就找到某种方式使自己忠于婚姻。你怎么能确定未来的伴侣不会做出理性的选择而转身离去呢——比方说当一位完美无缺的人刚刚做了你家的新邻居。一种答案是，不要接受一位最初喜欢你是因为某些理性原因的伴侣，而是要找一位伴侣，其承诺和你在一起就是因为你就是你。用什么承诺？用情绪承诺。一种这个人无法决定具有的情绪，因而也不能决定不具有。一种不是由你的客观的作为伴侣的价值所引发的情绪，因而也不会由于某个人具有更高的作为伴侣的价值而疏远你。一种确定不是伪装的情绪，因为它有生理的成本，如心跳加速、夜不能寐和茶饭不思。一种像浪漫

> 之爱一样的情绪。“对爱敏感的人没有能力爱。”道格拉斯·叶慈（Douglas Yates）写道。即使是被最完美的求婚者追求，人们也不允许自己坠入爱河，这往往使月老、求婚者甚至他们自己感到疑惑不解。相反，匆匆一瞥、一个笑容、一个举止，就能偷走一个人的芳心。

在这段文字中，平克提出了一种对爱情的解释，这与他对人性的解释相符。

浪漫的爱情总是使人疯狂，这种完全无法从理性去思考和衡量的经历，看上去好像是对平克有关心智的计算－进化模型的巨大威胁，如果这个模型无法解释爱情，那么，毫无疑问可以说它仍是存有很多缺陷的。然而，平克想要证明的就是爱情就是一种由计算－进化模型所生成的典型产物。

我们可以用下面的标准形式重构平克的论证：

1. 租赁市场就像婚姻市场一样。
2. 如果租赁市场就像婚姻市场一样，则租户与房东的关系就像是夫妻之间互相遵守婚姻誓词一样。

---

3. 所以，租户与房东的关系就像是夫妻之间互相遵守婚姻誓词一样。
4. 租约保证了两方的长期合作。

5. 长期合作有助于租户与房东的关系。

---

6. 所以，租约有助于租户与房东的关系。

---

7. 所以，婚姻誓词有助于夫妻之间的关系。

8. 如果婚姻誓词有助于夫妻之间的关系，则进化应该会以一些特定的语句来设定爱情，例如“婚姻誓词”。

9. 如果进化应该会以一些特定的语句来设定爱情，例如“婚姻誓词”，则爱情应使人们在寻找爱人时不以“寻找一个更好的人”为标准来计算。

10. 如果，爱情应使人们在寻找爱人时不以“寻找一个更好的人”为目的，则爱情是无理性可言的。

11. 如果爱情是无理性可言的，则它应被归类为无法控制的情感。

---

12. 所以，爱情应被归类为无法控制的情感。

13. 爱情确实被归类为无法控制的感情。

---

14. 综上所述，爱情是一种无法控制的情感。

这个标准形式论证是由多个推理规则所构成的。步骤1～3是肯定前件式，步骤4～6是直言三段论，步骤3和步骤6类推出步骤7，步骤12是由步骤7以及步骤8～11通过肯定前件式和假言三段论所得出的，步骤 14 作为最终的结论是由步骤 12 和步骤 13 通过直言三段论所得出的。

需要注意，在这个论证的第二部分运用了一个预测性的词语“应该”。通过说“‘进化’应该会以一些特定的语句来设定爱情，例如‘婚姻誓词’”，平克的意思是基于他对进化计算方面的了解，他倾向于猜测爱情是以这种方式运行的。这是科学领域中一种常见的论证形式：如果我的假说是正确的，则试验的结果应证实它。但你会发现在科学以外的其他领域应用这种论证形式也是可以的，只要与假说有关即可。

尽管我们可以更准确地重构平克的论证，但是一个含有 14 个步骤的复杂论证需要我们对进化的特点有更深入的了解和精确的总结。正如我们在第 3 章所看到的那些评论，我们或许无须真的以标准形式将论证写在文章中，也不必将之大声朗诵出来。尽管如此，通过详细拆分理解平克的论证，我们现在有能力去进行更加高效的分析论证了。

反驳 / 回复

一旦已经有了标准形式论证的雏形，就可以通过头脑风暴来罗列出一张反驳对手观点的立场清单了。

首先，谁是对平克的论证威胁最大的人呢？在平克的第一段文字中：

> 情感的问题不在于它们是不可驯服的力量或是我们过去作为动物的遗迹，而在于它们的设计是为了传播构建了它们自身的复制基因，而不是为了提升幸福、增进智慧或者完善道德价值。

这表明平克将那些认为现如今的人类是“适者生存”法则的产物，并且将人类仍存有很多不完善的特点看作他最主要的“对手”。因为这些对手无法解释为什么爱情会是一种成功的生存策略，所以他们只能把爱情理解为“不可驯服的力量”或者“我们过去作为动物的遗迹”。平克尝试通过展示爱情是如何保证后代繁衍的，进而提出一种远比他的对手更具说服力的有关进化的理论。他认为，即使是一些人们普遍认为无关的特性，如浪漫的爱情，也证实了适者生存原理。

其次，尽管平克并没有提及，但他的论证也可能挑战了那些拒绝进化论，并且认为现如今人类仍有很多明显不完美特性的人。有些人认为进化本应提升幸福、增进智慧或者完善道德价值，但是他们环顾四周，却发现事实并非如此，进而否定进化论。平克关于“浪漫的爱情”的分析体现出了进化是如何与最大化繁衍建立起联系的，并且这无关于提升幸福、增进智慧以及完善道德价值。如果他是正确的，则爱情和其他的人类情感也就不再能作为人类对抗进化的杠杆了。

最后，由于平克的论证证实了爱情是人性中不可或缺的一部分，一些批判情感行为的人会想要反驳他。例如，斯多葛学派就坚信人类应使自己的情感影响最小化甚至完全没有。他们确信理性是优质生活的保障，并永远不会赞同爱情会对我们这样的物种有所益处。

作为一名批判性思考者，我们需要将任何一种预先可能存在的偏见放在一旁，无论是支持或是反对。在这之后，再以一个客观的角度根据其所具有的说服力强度来评价它。站在对方的立场上进行一次头脑风暴后，我们现在应该可以对平克的论证提出一个明确的反驳了。

平克的推理是我们标准形式重构的前提。但要记住，尽管所有的前提都可以作为你“攻击”的对象，但若是把目标放在一个小结的前提上，就毫无意义了。小结是由之前的那些步骤推理得出的。所以，如果你对一个小结抱有怀疑，那么要把真正值得怀疑的地方放在之前的那些步骤里。

此外，如果你发现自己倾向于一些作者在文中提及，但并没有在你的标准形式论证中所体现出来的角度，那只说明你的标准形式论证是不充足的。标准形式论证最主要的目的就是将每一个富有争议且可推出结论的前序语句独立出来。这样读者就可以将其中任意一个部分作为自己最初“攻击”的目标。如果在标准形式论证中你发现自己遗漏了一些重要的东西，就需要重写或者做一些合适的添加。

标准形式论证中的第一步应是设立一个合适的目标，它体现出了：租赁市场就像婚姻市场一样。平克用了在第二段文字中的一系列观点来支持这个前提，他写道：

> 不感情用事的社会科学家和单身的退伍军人都同意男女间的约会堪称一个市场。不同的人在作为未来婚姻对象的价值上也有所差异。几乎所有人都同意合适的丈夫或妻子应当是貌美、聪明、善良、稳重、幽默和富有的。人们在能够接受自己的人中选择自己最想要的，这也是为什么大多数婚姻中的新郎新娘彼此之间的爱慕程度都大致相等的原因。

作为一名批判性思考者，我们可能会对这段文字中一些存疑的谬误格外警惕。

第一，诉诸权威谬误。平克引用了不感情用事的社会学家以及单身的退伍军人的约会信息作为数据来源。由于他从未在注脚中提及任何研究，我们可以达成共识，也就是平克自然而然地就认同了约会就像市场一样。假设他所说的全是对的，那么这些信息的来源是否可靠呢？单身的退伍军人是由那些尝试去结婚并且失败了的人组成还是那些压根就不想结婚的人组成？有些人可能会反驳说这样的信息是不足的或者这种看法是存在一定偏见的。相似的问题也出现在不感情用事的社会学家身上，我们必须去弄明白是如何定义“不感情用事”。如果这是指那些在与他人建立关系上存有很大问题的人，则这就是不可信任的数据来源。

第二，诉诸群众谬误。平克的立场“几乎所有人都同意合适的丈夫或妻子应当是貌美、聪明、善良、稳重、幽默和富有的”，但是不同人就貌美、聪明、善良、稳重、有趣以及富有的评判标准有所不同，所以实际上这就可以被归类为是无意义的。这其实是一个很严重的问题，因为平克引用了一个基于全宇宙都认同的有关“正确的人”所建立起来的论证，也就是每个人都存在着可能会被计算的客观婚姻价值观。

第三，这篇文章可能回避了一个问题。平克认为“人们在能够接受自己的人中选择自己最想要的，这也就是为什么大多数婚姻中的新郎新娘彼此之间的爱慕程度都大致相等的原因”。是否在大多数婚姻当中新娘都是嫁给了有着相似爱慕的新郎呢？为了弄明白这个问题，我们必须有一个如何排序不同人的客观婚姻价值考量表。但这恰好是平克想要证明的，市场就是人们以指定价格购买商品的地方，也就是客观价值标度。所以，平克的论证看上去像是一个循环：约会交往就是一个市场，因为它就像人们以客观价值标度去购买商品；并且它是以一个客观价值标度去购买商品的地方，因为它是一个市场。那些否认约会交往是包含这样评判他人因素的对手是无法通过步骤 1 来反驳平克的论证的。

到目前为止，我们已经知道了只将重点考虑因素放在租赁和婚姻之间的类比上很容易犯一个或多个非形式谬误。当然，非形式谬误是主观的，这意味着它更多地取决于上下文以及作者的目的。平克可能会说他想要以一种轻松的语气来开始自己的论证，以此来吸引更多读者的注意力，在这之后才开始慢慢讲述自己论证的主要内容。毕竟，平克在最后还是告诉了我们这个类比是由经济学家罗伯特·弗兰克①所提出的，它被用来支持前提 7。但是，这个前提并不是那么富有争议，并且也很容易找到其他例子来支撑。因此我们应该去观察标准形式论证的剩余部分是否合理。

例如，前提 9 就很容易被攻击，它说：

> 如果进化应该会以一些特定的语句来设计爱情，例如“婚姻誓词”，则爱情应使人们在寻找爱人时不以“寻找一个更好的人”为目的。

这是一个条件命题。回想一下，有一个驳倒条件命题的方法是承认前件为真，而否定后件。作为平克的对立方，我们可能会认同是进化以婚姻誓词的形式来设计出爱情的，但是不同意这么做是免于爱人被“更好的爱人”评判标准所比较。再进

① 罗伯特·弗兰克是著名的经济学家，其著作《牛奶可乐经济学》中文简体字版已由湛庐文化策划，中国人民大学出版社出版。——编者注

一步考虑，这好像就是婚姻誓词使爱人不被“更好的爱人”评判标准所考量的证据，或者说它们使爱人免于这样的比较。但从进化学的角度来讲，通过各种考量和比较去选择一个更好的爱人其实是有很多益处的。

考虑到多数物种都不是一夫一妻制的。例如黑猩猩，它在动物界因性生活“随便”而臭名昭著。黑猩猩无须构建一个稳定的家庭关系，因为它们的后代会以很快的速度独立。而人类的孩童则需要多年的时间才能长大成熟，开启自己的独立生活。这或许也是人类最终会趋向选择一夫一妻制的原因。但这里的关键词其实是“趋向”，事实上，养育下一代并不必须要求一夫一妻制。

有证据表明，对于人类而言，自然选择更倾向于多配偶制度。正如科普作家卡尔·齐默（Carl Zimmer）所指出的那样，最近一些关于人类 DNA 的研究指出：

> 一个强有力的案例是数万年前所存在的一夫多妻制。更有可能的是，一夫多妻制是那个时代更为常见的制度，尽管很少有人承认，但也有可能是秘密幽会的曝光使这种情况成为现实。还有些人猜测一夫多妻制可能盛行了大约 5 万年。

C. Zimmer, 'Adam and his Eves', *The Loom*, 2004.

如果人们从一开始就追求法律所不允许的婚外恋情，而这会使全世界范围的人口过剩，所以进化在这之后似乎就不再趋向一夫多妻制了。

所以，在前提 7 中所出现的最基本问题是爱情并不如平克所说的那样需要由一些特定语句所限制，正如平克写道：

> 你怎么能确定未来的伴侣不会做出理性的选择而选择转身离开呢——比方说当一位完美无缺的人刚刚做了你家的新邻居。一种答案是，不要接受一位最初喜欢你是因为某些理性原因的伴侣，而是要找一位伴侣，其承诺和你在一起就是因为你就是你。用什么承诺呢？用情绪承诺。一种这个人无法决定具有的情绪，因而也不能决定不具有。一种不是由你的客观的作为伴侣的价值所引发的情绪，因而也不会由于某个人具有更高的作为伴侣的价值而疏远你。

平克似乎忽视进化似乎实际更偏向于欺骗这一事实，这表明，为了更好地生存，我们在寻找伴侣时需要并且也时常去评判考量，以判断他是否算是更好的爱人。

这个推理逻辑可以引出一个针对平克论证的强有力反驳，它需要做更多的研究才能具有更强的说服力。

在这个关键时刻，最重要的一点是，如果作者没有做出回应，那么即使是对这个论证再强有力的反驳，也是存疑的。在你发起一个最具攻击性的反驳之后，要记住在最终定稿之前不时暂停思考一下作者可能会如何回复你的反驳。当你在这么做时，你会发现作者可能会有着很好的反驳角度，而这会使你的反驳像是个不堪一击的稻草人。在这种情况下，最聪明的做法是回到最开始的那一步（即计划阶段），并重新提出一个新的反驳观点。有的时候，在思考作者的回答过程中你可能就会发现一些之前没有想过且更具思考深度的东西。

让我们观察一下，平克对于前提 9 的反驳是如何成为一个典型的反面例子吧。我们的反驳观点是出轨的普遍现象证明了人类应该通过各种考量和评判来获得爱情。平克可能会直接无视这样的反例，并再举更多的例子去支持他自己的立场。比如，他可能会说宗教就可以提供另一种方式使人类免于被“更好的爱人”考量标准所衡量。

虽然，从某些特定角度来说，宗教可以和这个论证联系起来，但平克将它作为对出轨说法的回复是一个错误的选择。用多个例子来对抗一个例子也是谬误的一种，因为它改变了探讨的主体，以这种方式改变主体在论证中是一种非常常见的错误，并且批判性思考者必须尽自己的全力去避免这种错误的发生。在这里早就有一个我们反驳的主体了，平克必须回复这个反驳，否则我们就可以认为他无法说服我们了。

所以，平克会如何回复出轨的这个例子呢？或许最好的办法就是解释他所说的“承诺”是什么意思。一个男人即使在外过着放肆的生活也仍会对自己的家庭抱有极高的忠诚度。通过粗略地定义“承诺”，平克会逐步承认人类是易于欺骗的。总的来说，这里“欺骗”的意思是这个人既想保护好现有的关系，同时又想在外面建立新的关系。平克的观点是想要保护现有关系的欲望是由誓词所带来的强烈非理性爱情依恋。平克可能会抛出一个疑问：为什么人类要选择欺骗，而不是直接告辞离开？他的理论直接给出了答案：是心把他们拉了回来，这个过程抵抗了所有的理性思考。当然，人们有时候会去偏爱各方面条件更好的人，并离开现如今身边的这个人。但需要注意的一点是，在这种情况下，人们通常说“她从不曾爱过他”或者“他一直都只是在利用她”，这些有关爱情的实例说法或多或少阻碍了某种“抛弃”的可能，即使他们互相之间已经允许了“欺骗”的存在。

为了完善我们对平克的反驳，最好找到一些具体的实验证据来支持我们的观点，或许还要去阅读一些平克所额外撰写的文章来推测他会如何回复我们。就目前而言，我们终于要将最终稿写在纸上了。

解决

每次当你用尽自己所有的观点用来反驳或者回复时，就必须依靠自己根据现有情况来做出一个合适的观点。只有你以开放性的思维从两方面考虑，才能说你做出了有价值的贡献。你最终认为哪一方说服了你以及为什么？或者你是否认为这两方都存有问题并提出第三种想法来解决问题？

不要把最终如何解决的部分看作你的结尾。你应该在如何解决的部分之后额外添加一个简短的总结段落。如何解决该问题的部分不应是脱口而出的一种偏见，相反，这是论文中最重要的一部分，是这个论文存在的理由。解释、重构、反驳以及对反驳的回复都在最后形成了你对这个问题的独特见解。也就是说这不仅仅是表明自己的想法，更是去做一个论证：你要去展示一个由一系列原因支持的清晰立场。

为了把自己的想法梳理清楚，你或许会想要把自己的想法以标准形式的方式表示出来。毫无疑问，标准形式只是一种帮助你理顺逻辑的有效工具而已，并且当你需要在会议或者班级上陈述自己的观点时，并不需要使用这种方式。它只是有助于你的工作，帮你更高效地展示自己的观点而已。

你关于“浪漫的爱情”的观点是什么？你可以独立完成这个观点的建立。

练习

尝试阅读下面的这些材料并写出属于你的论文。首先，从对某一事件进行解读开始，这包括反复阅读材料以及定义关键词。然后，以有效的标准形式重构作者的论证。在这之后，挑选出你认为最具有争议的前提作为反驳。当你感觉自己已经从所有可能角度思考过这个事情后，提出自己的观点。最后，添加上简短的介绍和总结。

法律

作为一名刚刚从华盛顿回来的学者和国际人权律师，我发现……对包括华盛顿在内的很多政治行动者来说，国际法规则与其说是指南，不如说是妨碍。毫无疑问，人们有一种强烈的冲动，将法律置于权力之下，将律师置于政治客户之下。但是如果说我曾经得到过什么教训，那就是跨国法律的统一规则不是自然生成的。如果国家之间的关系不仅仅是由政治强权所决定，那么国际律师必然要为那些没有能力去推动统一规则的道德行动所服务。制定国际准则就是国际律师的工作，去定义那些合法的界限以及确定将拟议的国家行为纳入法律框架内。通过这样做，国际公共律师帮助制定政策决策，而政策决策对法律文书又有反作用，这些文书最终将变成政府决策程序，促进各国遵守国际准则。这样，为公众利益而工作的国际律师就可以影响政策的走向，也可以帮助促进跨国法律的发展。

H. H. Koh, 'Opening Remarks:Transnational Legal Processes Illuminated', in Michael Likosky (ed), *Transnational Legal Processes:Globalisation and Power Disparities* (London: Butterworths LexisNexis, 2002), p.332.

哲学

存在主义者对抽象原则的否定常常被认为是在暗示存在主义思想中不存在这样的原则。如果是这样的话，那么唯一精准解释存在主义思想的方法就是重新讲解存在主义作家作品中对具体生活的描述，以及在这些描述中所应用的专业术语。事实上，存在主义作家花费了大量的笔墨来解释这些具体的细节。因此，对这些细节进行补充研究是恰当的，这也是此类研究常常采用的方法。然而，最终的结果往往是关于日常生活的复杂程度、具体人类存在的困难，以及存在主义者用来描述这些现象所运用的大量专业术语的联系程度。

通过这种方法，读者就有了一种深刻的感觉，即采用这种方法的补充研究所含有的不确定性是存在主义思想自身所具有的。存在主义看上去是由一群没有任何信念将他们捆绑在一起，彼此之间只有着松散联系的作家群体所组成的。除此之外，这种特质催生出一种有关存在主义的刻板观念，即对它哲学性质的怀疑。但从某种程度上来讲，存在主义哲学才是一种真正的哲学。这种刻板观念是存在主义作家通过基本规则来拒绝支持他们就“世界和人类的本质”的主张的。但是，存在主义常被看作宣扬他们自己基于对人类境况某一特定角度的观察、所得出的独特思想、对这个世界的独特观点。这个观点在之后以一种模糊如同薄雾一样的专业术语展示给了读者。

将存在主义思想根植于所有存在事物都具有不确定性的基本原则中，通过这一原则，存在主义哲学家得出有关人类和世界本质的具体学说。我们希望能够给出存在主义运转的统一图景，并朝着克服存在主义的陈规定型观念迈出一步。

Mark Tanzer, *On Existentialism* (Belmont CA: Thomson Wadsworth, 2008), p.10.

章后总结

1. 提出自己观点的 3 个主要步骤是：解释 / 重构、反驳 / 回复、解决。
2. 写出一篇优秀的论文的第一步就是阅读，对主题的熟悉度越高，所做出的论证可信度也就越高。

CRITICAL THINKING

结语

批判性思维的作用

只知晓自己观点的人，其实知之甚少。

——约翰·穆勒

A BEGINNER'S GUIDE

思考能力是一个人最富有价值的资产，批判性思维是通往真相的有力途径。

在一个所有人都有权利去相信和阐述自己所乐于相信的自由社会中，真相的重要性很容易被忽视。毕竟，真相往往是不讨人喜欢的。为什么我们仍要花费那么大的力气去寻找它呢？

如果你并不热衷于寻找当下你所面对事情的真相，那么你就有很大的可能性会听信他人的谎言，而这应该使你惊醒。毕竟当你的思考是基于这样的谎言时，你是无法达到预期目的的，这也是很危险的。因为这些谎言会导致你采取错误的应对举措。

举个很简单的例子：假设一些人相信疾病是由魔鬼施咒引起的，而不是病菌所导致的。

那么，在他使用了公共厕所之后，会选择低声念咒语来抵抗魔鬼的法力，而不是通过洗手来消除手上的病菌。那么，毫不意外，这个人很容易生病并且将病菌传染给他的家人和朋友。如果他可以批判性地思考自己有关魔鬼的看法并且尝试去寻找事情真相，那么他就能够有效避免这样的事情发生了。

现在很少有人相信魔鬼了。但是我们不能自欺欺人到认为自己永远不会存在错误的想法。注意，对于那些相信魔鬼存在的人而言，最令人悲伤的是即使他们真的生病感冒了，也无法找到引起这个现象的真正原因，他只会认为是自己没有在合适的时间念出合适的咒语。

那些不具有批判性思维的人就好像这些相信魔鬼存在的人一样。他们觉得自己的人生黯淡悲惨却又不知为何。他们不断重复犯着同样的错误，却从不思考发生的原因。

批判性思维并不能保证给你一个幸福快乐的人生，它甚至无法保证你能够找到完整的真相。但它能够确保对这两件事有所助益。

约翰·穆勒就是一位杰出的英国哲学家，他不仅提出了很多有关人类如何改善自己生活的重要且极具影响力的理论，并且把这些理论实践于议员和政治活动家身上。在他圣安德鲁斯大学的就职演说中，他提出了可能是有史以来有关逻辑的最有号召力的口号，他的这番精彩演讲值得我在这里引用全部：

这里还想谈谈逻辑学。仅就推理、命题和三段论而言，在知识教育领域里再也没有像逻辑学这样具有很高价值的东西了，没有任何东西能够很好地替代它。逻辑的功能主要在消极方面，与其说是指出正确的方向，不如说是在防止进入错误的方向。但是在智力的运作过程中，犯错比选择正确容易得多，即使是最富有活力的头脑，如果不时时保持警觉，注意自己是否走偏，并且留心所有可能的途径，也不可能总是留在正确的道路上。

逻辑学指出了所有从正确的前提出发却得出错误结论的可能途径。通过对推理过程的分析，以及为描述和表达推理提供的形式，我们可以注意到哪些地方可能会产生谬误，或者谬误已经产生时应该去哪里找到它们。这里我要说的是，虽然推理理论极其简单，要完全掌握有关的原理、规则，甚至达到相当熟练运用的程度也不用花费很多时间，但是，这些都不能成为想从事探索某种知识的人省去学习逻辑学的借口。逻辑学可以驱散思维上的模糊和混乱，可以一扫被遮蔽起来的无知——某些问题我们并没有理解却以为自己理解了。

有人不知道方法却干出了伟大的事业，不借助通常的思维手段，也不能对他人说明白抵达结论的思维过程，常常因此不能让别人心服自己的结论，但是他们确实是能揭穿最深远真理的人，却又是“不善言辞”的巨人——我们不要被这样的传闻所迷惑。也许是有完成贤明事业的“聋哑”人，即便如此，听和说，依然是人类必不可缺少的能力。如果你想知道自己的想法是否正确，只要把自己的想法转换为语言说出来就行了，你会发现在这个过程中，自己有意识或无意识地运用了逻辑。逻辑学强制我们把要表达的意思转换成明确的命题，再把推理运用到每一个阶段中。在这个基础上，逻辑学要我们注意默认了的前提，假如它们错误的话，推理全过程也就崩溃了。它使我们的观点和他人一致，并迫使我们清晰地思考，即使不能一下子到达正确的思维。

确实，与真理一样，谬误也具有一贯性，也能形成一个体系，但是并不具有普遍性。我们形成自己的观点时，假如没有必须承认的原理及其规则的话，就不得不放弃自己这一观点——这是非常有益的、明摆着的定论。我们在光明中探索真理，就朝真理的发现迈进了一步。

逻辑学帮助人们驱散眼前的阴霾，带来了无限的光明。毫无疑问，文明的昌盛将会永远依赖于它。

现在，你已经完成了本书的学习，也已经做好准备去面对不同的逻辑构成。现在重新阅读前言中的律师演讲，其中的那些错误是否会直接跃然纸上呢？

引言中例子的错误

◎ 诉诸不当权威：前女友并不是可以判断科克利先生心理状态的权威人士。

◎ 诉诸无知：缺少对科克利先生性格的证明判断，并不能证明他的性格很差。

◎ 稻草人谬误：这使其他律师对科克利先生的描述变成了一个荒诞的形容。

◎ 假两难推理：在“正直的公民”和“暴力罪犯”之间仍有着很多可能的状态。

◎ 诉诸众人：无论他人是怎样认为的，说谎都是有道理的。

◎ 虚假原因：因为去墨西哥旅行是发生在凶杀案之后，律师就认为凶杀案是这场旅行产生的原因，即目的为逃跑。但这场旅行的时间选择很有可能就是一个巧合。

◎ 丐题：这个说法成立必须基于科克利先生就是真凶这个前提，而这正是律师所尝试去证明的。

◎ 轻率概括：一个人偶尔撒一次谎并不意味着他是一个撒谎成瘾的人。

◎ 谬误——否定前件：

1. 如果非 F，则非 G。
2. F。

---

3. 综上所述，G。

◎ 自然主义谬误：即使科克利先生是有罪的，也没有理由得出他应该被判处最大量刑的结论。

01 练习答案

文化研究

1. 在一个烟雾弥漫的环境吸入烟雾就好像在一个种族歧视的社会中产生个人偏见一样。
2. 在一个烟雾弥漫的环境吸入烟雾是不可避免的结果。

---

3. 综上所述，在一个种族歧视的社会中产生个人偏见一样是必然的结果。

1. 在自动步道上逆着方向行走就好像反对种族主义一样。
2. 除非你逆着方向行走，否则就会与自动步道同向运动。

---

3. 综上所述，除非你是一个积极的反种族主义者，否则你就会顺着种族主义的方向运动。

美学

1. 友情之于一个人就好像优秀特征之于一件艺术品一样。
2. 一个人不会和道德上有缺陷的人做朋友。

---

3. 综上所述，一个人不会欣赏有缺陷的艺术品。

文学

1. 斯威夫特对于 18 世纪的英国来说就好像霍桑之于林肯。
2. 斯威夫特书写了具有讽刺意味的文章来批判 18 世纪的英国。

---

3. 综上所述，霍桑书写了具有讽刺意味的文章来批判林肯。

02 练习答案

15 个有效的直言三段论的文恩图

Barbara

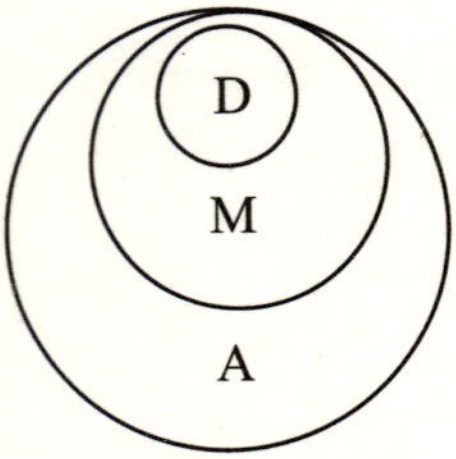

图 A-1

Celarent

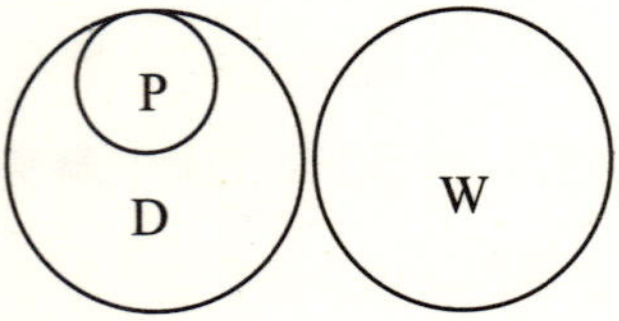

图 A-2

Darii

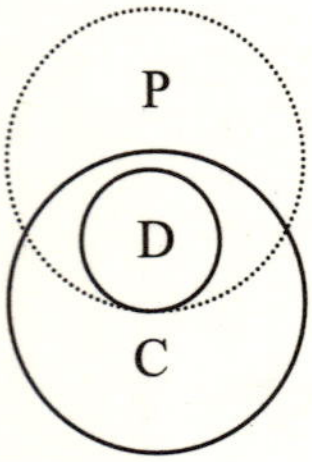

图 A-3

图 A-3 中 P 因为前提 2 并没有告诉我们如何精准地画出而用虚线表示。特别是，如图所示，我们并不知道除狗以外的其他动物是不是色盲。尽管如此，前提 2 给了我们足够的信息去推断无论如何去画宠物这个圆圈，都会与“色盲”这个圆圈有所交集，而这也正是这个三段论的结论。

Ferio

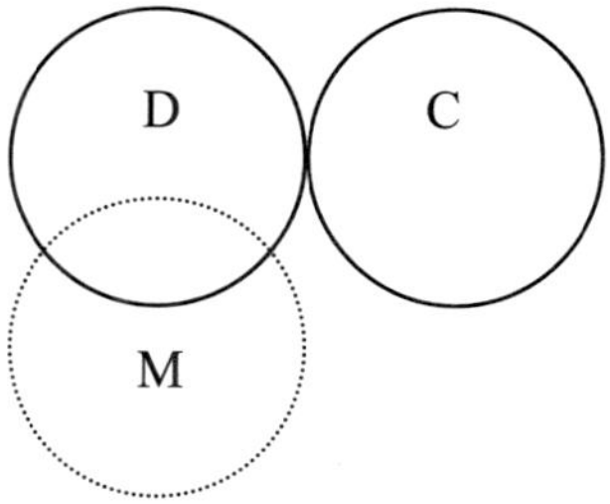

图 A-4

在图 A-4 中，警察部队中的成员因为前提 2 并没有告诉我们如何精准地画出而用虚线表示。例如，他并没有告诉我们警察部队中的一些成员是否会开车，在这种情况下，可以让 M 与 C 相交，尽管前提 2 并没有给出完整信息，但它给了我们足够的信息去画出 M，也就是这个三段论的结论：警察部队中的一些成员不会开车会是真实有效的。

Cesare

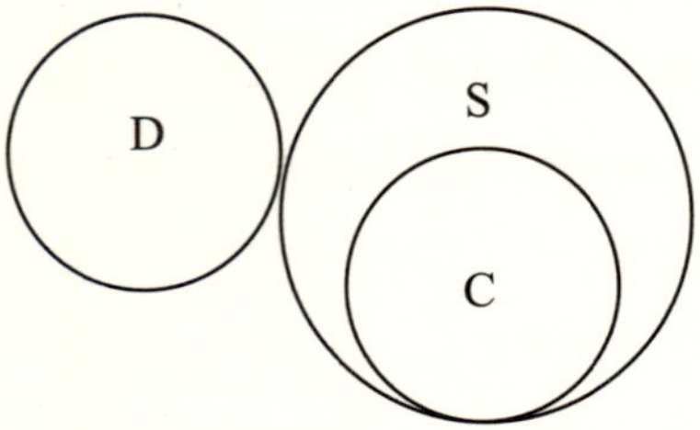

图 A-5

Camestres

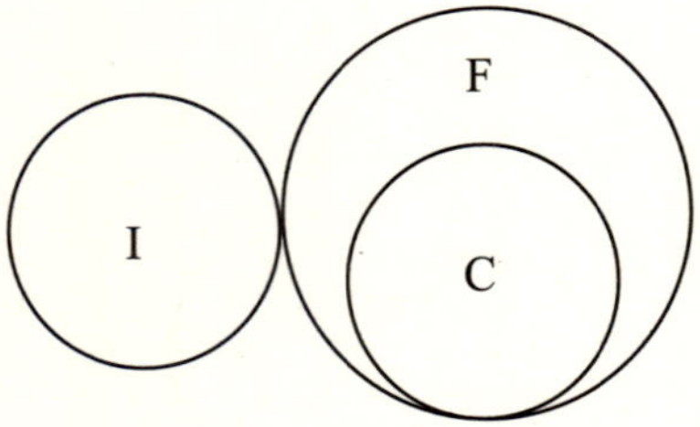

图 A-6

Festino

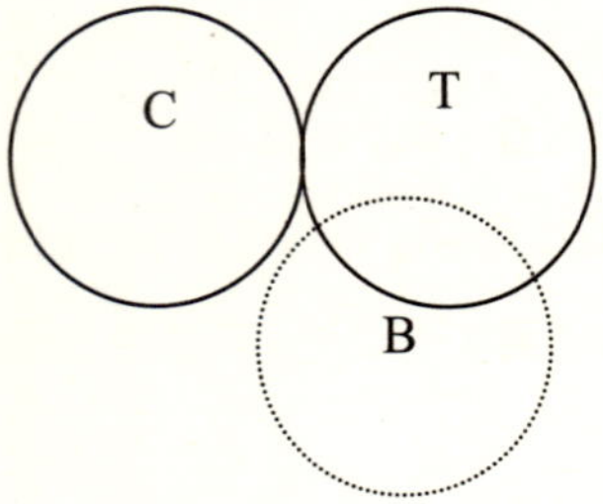

图 A-7

盒子里的一些小动物因为前提 2 并没有告诉我们如何精准地画出而用虚线来表示。通过告诉我们盒子里的一些小动物会说话，这同时好像也在暗示着其中有一些不会。但是“一些会”并不必须性地暗示“一些不会”。正如在例子“不友好的穿山甲”中一样。例如，假设在这个盒子中只有一个小动物，那么 B 应该与 T 完全重合。无论如何，这与我们的目的无关。无论如何画出前提 2 的图，我们至少必须画出 B 中的某些成员不是 C 中的成员，而这也就是此三段论的结论。

Baroco

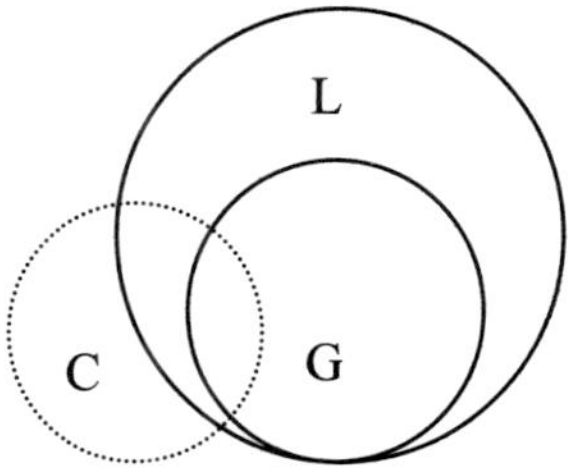

图 A-8

猫因为前提 2 并没有告诉我们如何精准地画出而用虚线来表示。通过说一些猫不是很可爱，似乎在暗示有一些猫很可爱，但是，并不必然！尽管前提 2 可以用很多种方式来表达出来，但无论我们怎么画，C 中的一部分必然画在 G 之外，而这也只是结论所想表达的。

Disamis

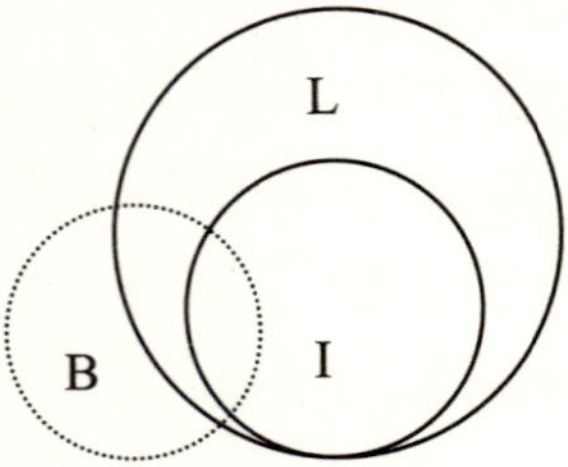

图 A-9

圆圈 B 好看因为前提 1 并没有告诉我们一些鬣蜥是否不好看而用虚线来表示。同时，它也没有告诉我们属于蜥蜴物种的非鬣蜥生物是否好看以及一些好看的事物是否完全与蜥蜴无关。不管这些问题是如何回答的，我们起码知道至少有一个 L 中的成员同时也是 B 中的成员，这就是本三段论的结论。

Datisi

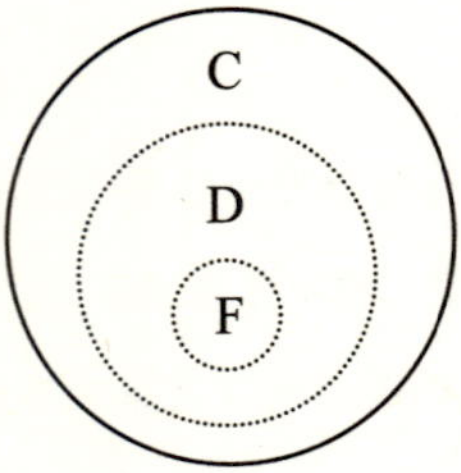

图 A-10

圆圈 D 用虚线来表示，因为前提 1 并没有告诉我们是否有一些牧羊犬没有在这个农场里。圈 F 也用虚线来表示，是因为前提 2 没有告诉我们在这个农场里是否有一些狗并不凶猛。不管这些问题是如何解决的，我们都知道至少 C 中的一个成员同时也是 F 中的成员，这也就是此三段论的结论。

Bocardo

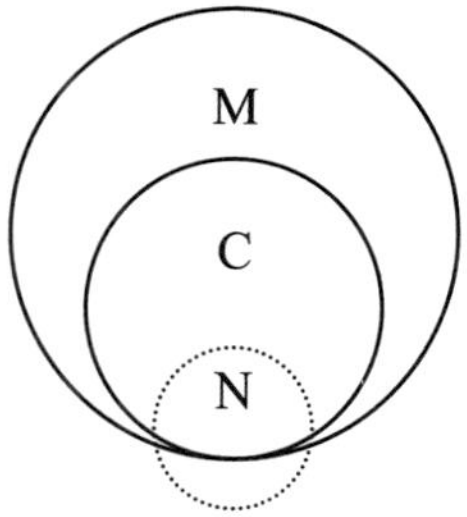

图 A-11

圆圈 N 不吃肉用虚线表示，因为我们不知道这个集合所包含的所有东西。但不管如何，我们知道它至少包含一些哺乳动物。

Ferison

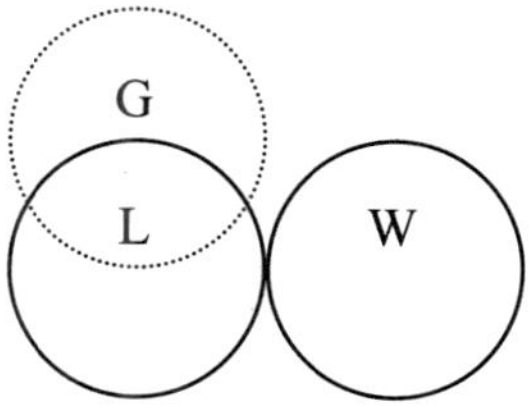

图 A-12

圆圈 G 对所有的动物都起作用用虚线来表示，因为我们不知道它是否对某些动物无法起作用，但这并不影响三段论结论的得出。

Camenes

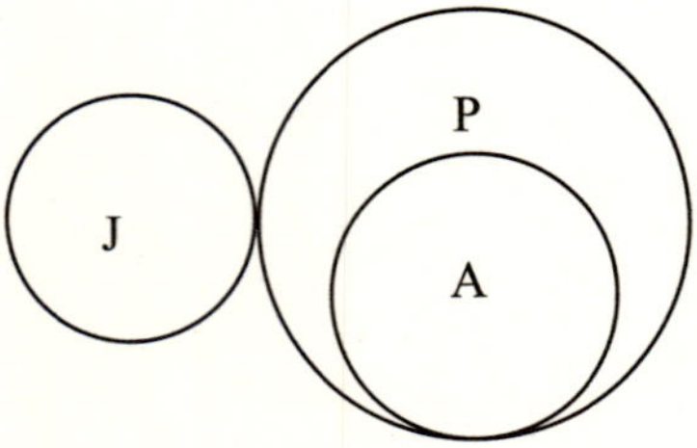

图 A-13

Dimaris

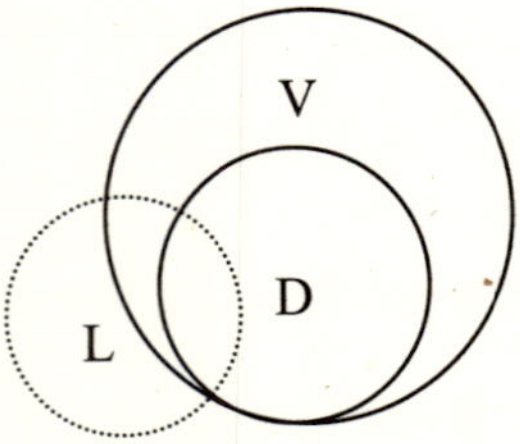

图 A-14

是否有一些蜥蜴居住在沙漠之外？如果这个答案是“是”的话，它们是否还算是全球变暖的受害者？前提并没有告诉我们答案。基于它们已告诉我们的信息，我们至少知道全球变暖的受害者当中有一些是蜥蜴。

Fresison

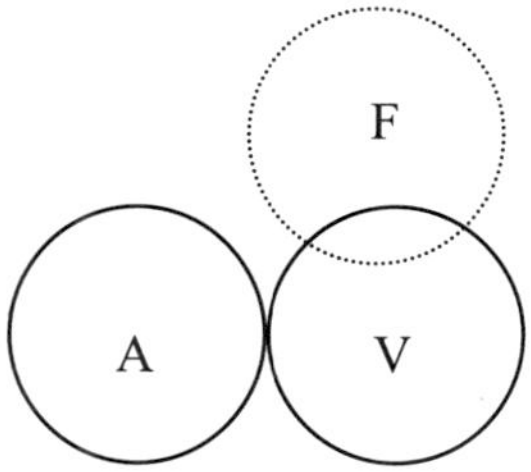

图 A-15

是否有农民不会支持这项政策？如果这个答案是“是”的话，他们是不是动物爱好者？我们无从得知。但我们所确定的是凡支持这项政策的农民，必然不是动物爱好者。

古典文学

1. 对宗教的关注是务农与战争的核心。
2. 务农与战争是希腊人民生活的核心。

---

3. 综上所述，对宗教的关注是希腊人民生活的核心。

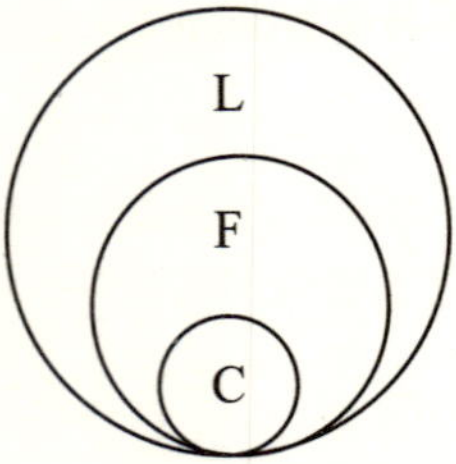

图 A-16

03 练习答案

贸易协定减少了就业机会

1. 如果《北美自由贸易协定》真的是自由贸易协定，那么在其协议中包含一两页有关消除关税的内容。
2. 北美自由贸易协定并没有在任何一页上书写有关消除关税的内容。

---

3. 综上所述，北美自由贸易协定不是一个真正的自由贸易协定。

（否定后件式）

现在就行动起来去拯救鲑鱼

1. 如果想要拯救鲑鱼，则必须做到两件事：减少导致温室效应的气体排放以及确保水质良好。

2. 我们确实希望去拯救鲑鱼。

---

3. 综上所述，我们必须去做两件事：减导致温室效应的气体排放以及确保水质良好。

（肯定前件式）

缩小差距

1. 假设我们什么都不做。
2. 如果我们什么都不做，则得克萨斯州全州范围的预算削减将加深本已存在的不平等。
3. 但是不接受全州范围的预算削减来加深本已存在的不平等。

---

4. 综上所述，我们必须做点什么。

（归谬法的改编版本——用规定性陈述的概念“不接受”而不是描述性陈述的概念“荒谬”）

《自然》杂志的一篇文章

1. 这篇文章声称或者有证据可以反驳智能设计或者智能设计是一个非科学立场的错误。
2. 如果他们认为有证据可以反驳智能设计，则他们承认了智能设计是真正的科学。

3. 如果他们认为智能设计是一个非科学立场的错误，则他们就在提倡无神论。

---

4. 综上所述，这篇社论或者认为智能设计是真正的科学，或者是在提倡无神论。

（构造二难推理）

04 练习答案

如果不是现在，那是什么时候

命题“我们都知道俄亥俄州陷入了经济问题”可以看作谬误“诉诸众人”的典型范例。

命题“民意调查显示年轻的专家们更喜欢居住在富有多样性的城市中”也犯了谬误“诉诸众人”。

全球变暖还是全球骗局

这篇文章的题目就是“假两难推理”。

在命题“大众先前所共同认可的结论——人为作用污染了我们的星球，其实是一种舆论，但是大家罗列出了很多不同角度的观点去支持它”中，作者指责政府间委员会触犯了“丐题”这个谬误。

命题“但是就算完成这个微不足道的目标，毫不夸张来讲在这将近一个世纪的时间里也要花费上万亿美元。并且这笔费用不会来自某一个我们所幻想触不可及的地方或是所谓的‘全球资源’，而是从你我的身上扣除”，就是“分解谬误”的典型范例。

命题“毕竟，当联合国说‘这需要我们共同的努力’，它的真正意思就是每个美国人都必须负担这当中的一部分费用”也可以看作“稻草人谬误”的一个例子。

术语清单

前件
丐题
后件
演绎论证
归纳论证
特称肯定型
谓项
前提
合理性
主项
可迁性
有效性

论证
结论
批判性思维
描述性陈述
联项
特称否定型
命题逻辑
规定性陈述
标准形式
三段论
全称肯定型

类比论证
条件命题
反事实条件命题
谬误
规范命题
立场
预言命题
语句逻辑
小结
直言三段论的原理
全称否定型

推理规则

类比论证

1. a : b :: c : d（a 对 b 的关系与 c 对 d 的关系相同）。
2. a—P—b（a 和 b 通过 P 建立起联系）。

---

3. c—P—d（综上所述，c 和 d 通过 P 建立起了联系）。

可迁性

1. X 是 Y。
2. Y 是 Z。

---

3. 综上所述，X 是 Z。

假言三段论

1. 如果 P，则 Q。
2. 如果 Q，则 R。

---

3. 综上所述，如果 P，则 R。

肯定前件式

1. 如果 P，则 Q。
2. P。

---

3. 综上所述，Q。

否定后件式

1. 如果 P，则 Q。
2. 非 Q。

---

3. 综上所述，非 P。

归谬法

要证明：非 P

1. 假设 P。
2. 如果 P，则 Q。
3. 但是 Q 是荒谬的。

---

4. 综上所述，非 P。

选言三段论

1. 或是 P，或是 Q。
2. 非 Q。

---

3. 综上所述，P。

构造二难推理

1. 或是 P，或是 Q。
2. 如果 P，则 R。

---

3. 如果 Q，则 S。

4. 综上所述，或是 R 或是 S。

形式谬误

在直言三段论中

◎ 未周延的联项：两个前提都不能完全描述联项中所包含的全部成员。因此，联项无法有效地连接起主项和谓项。

◎ 对谓项的不当处理：包含三段论谓项的前提不能解释谓项所描述类别的全体成员。

◎ 对主项的不当处理：包含三段论主项的前提不能解释谓项所描述类别的全体成员。

◎ 互斥前提：两个前提相互否定。因此，无法在主项和谓项之间建立起有效的连接。

◎ 否定前提推出肯定结论：论证者尝试从否定的前提中推出必然的结论。

在语句逻辑中

谬误——肯定后件：

1. 如果 P，则 Q。

2. Q。

---

3. 综上所述，P。

谬误——否定前件：

1. 如果 P，则 Q。

2. 非 P。

---

3. 综上所述，非 Q。

非形式谬误

相干谬误

诉诸众人：将公众所流行的见解和大众所认为的“真相”来作为真正的真相所造成的谬误。

诉诸无知：在缺少证据的情况下，就对某一种可能性下判定所导致的谬误。

诉诸不当权威：仅依赖于权威人士的话语而导致的谬误。

红鲱鱼：改变主题的谬误。

◎ 诉诸暴力：用武力或威胁来胁迫对手的谬误。

◎ 诉诸怜悯：因怜悯、同情而导致的谬误。

人身攻击：攻击对手会造成伤害的谬误。

◎ 背景谬误：只因某人所具有的背景就得出含有偏见的观点所导致的谬误。

◎ 诽谤：因想要在论证中获得胜利，而对对方加以侮辱和蔑视。

◎ 污泉：通过说一些有关对手的负面言论从而直接否定他们的观点。

◎ 相似非难：指责对手伪善的方式。

不当归纳谬误

轻率概括：将特殊实例中的结论轻率地应用于大量普通案件中。

丐题：结论包含在前提中的循环论证谬误。

假两难推理：把选择的可能性归于两个（但其实并不全面）。

虚假原因：认为是 X 导致了 Y 的发生，只因为 Y 发生在 X 之后。

稻草人谬误：过分简单化对手的观点，使它很容易被反驳。

歧义性谬误

自然主义谬误：从描述性陈述中推出规定性陈述所导致的谬误。

双关： 通过对语句的不同解读，而使某个陈述有多个意思。

合成与分解谬误： 错误地从部分性质推出整体性质以及错误地从整体性质推出部分性质所导致的谬误。

歧义谬误： 以不同方式去应用同一个词语所导致的谬误。

未来，属于终身学习者

我这辈子遇到的聪明人（来自各行各业的聪明人）没有不每天阅读的——没有，一个都没有。巴菲特读书之多，我读书之多，可能会让你感到吃惊。孩子们都笑话我。他们觉得我是一本长了两条腿的书。

——查理·芒格

互联网改变了信息连接的方式；指数型技术在迅速颠覆着现有的商业世界；人工智能已经开始抢占人类的工作岗位……

未来，到底需要什么样的人才？

改变命运唯一的策略是你要变成终身学习者。未来世界将不再需要单一的技能型人才，而是需要具备完善的知识结构、极强逻辑思考力和高感知力的复合型人才。优秀的人往往通过阅读建立足够强大的抽象思维能力，获得异于众人的思考和整合能力。未来，将属于终身学习者！而阅读必定和终身学习形影不离。

很多人读书，追求的是干货，寻求的是立刻行之有效的解决方案。其实这是一种留在舒适区的阅读方法。在这个充满不确定性的年代，答案不会简单地出现在书里，因为生活根本就没有标准确切的答案，你也不能期望过去的经验能解决未来的问题。

湛庐阅读App：与最聪明的人共同进化

有人常常把成本支出的焦点放在书价上，把读完一本书当作阅读的终结。其实不然。

时间是读者付出的最大阅读成本
怎么读是读者面临的最大阅读障碍
“读书破万卷”不仅仅在“万”，更重要的是在“破”！

现在，我们构建了全新的“湛庐阅读”App。它将成为你“破万卷”的新居所。在这里：

- 不用考虑读什么，你可以便捷找到纸书、有声书和各种声音产品；
- 你可以学会怎么读，你将发现集泛读、通读、精读于一体的阅读解决方案；
- 你会与作者、译者、专家、推荐人和阅读教练相遇，他们是优质思想的发源地；
- 你会与优秀的读者和终身学习者为伍，他们对阅读和学习有着持久的热情和源源不绝的内驱力。

从单一到复合，从知道到精通，从理解到创造，湛庐希望建立一个“与最聪明的人共同进化”的社区，成为人类先进思想交汇的聚集地，与你共同迎接未来。

与此同时，我们希望能够重新定义你的学习场景，让你随时随地收获有内容、有价值的思想，通过阅读实现终身学习。这是我们的使命和价值。

湛庐阅读App玩转指南

湛庐阅读App结构图：

三步玩转湛庐阅读App：

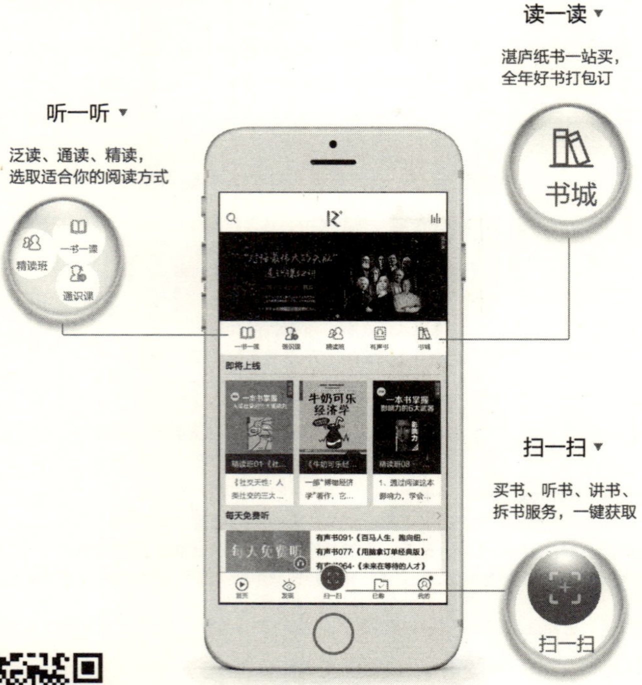

App获取方式：

安卓用户前往各大应用市场、苹果用户前往App Store
直接下载“湛庐阅读”App，与最聪明的人共同进化！

使用App扫一扫功能，
遇见书里书外更大的世界！

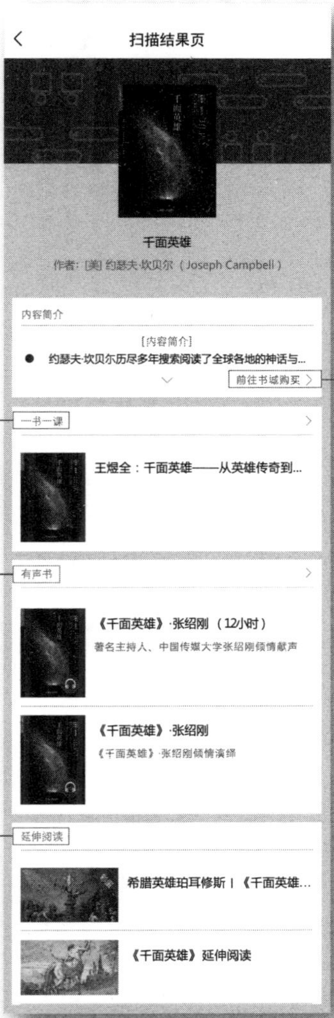

快速了解本书内容，
湛庐千册图书一键购买！

大咖优质课、
献声朗读全本一键了解，
为你读书、讲书、拆书！

你想知道的彩蛋
和本书更多知识、资讯，
尽在延伸阅读！

湛庐CHEERS

延伸阅读

《人人都该懂的科学哲学》

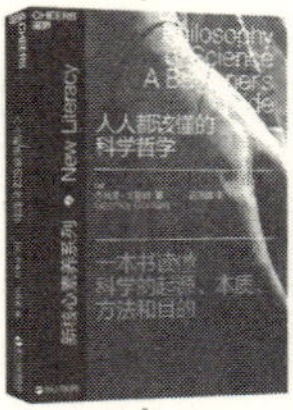

使用"湛庐阅读"App,
"扫一扫"获取本书更多精彩内
ISBN 978-7-213-09185-

◎《人人都该懂的科学哲学》从大处着眼，从小处着手。它既提供了有关科学的起源和未来，科学的本质、方法和目的的宏大视野，又辅以接地气、大开脑洞的案例，让你从猫咪的惨叫、番茄苗的意外死亡等小小案件中获得有关科学的真知灼见。

◎《人人都该懂的科学哲学》给了我们一个重新认识科学、反思自身知识体系的机会。它从没有疑问之处生出疑问，打破了我们对科学抱有的刻板印象，让我们不由得生出感叹：这正是学校的教育中缺失的那一环。

《人人都该懂的哲学》

使用"湛庐阅读"App,
"扫一扫"获取本书更多精彩内
ISBN 978-7-213-09084-

◎《人人都该懂的哲学》打破了传统的以时间为线索讲解哲学的模式，选取了 10 个与我们的生活密切相关的命题，对哲学中的身心问题、个人同一性问题、自由意志问题、怀疑论等核心思想进行了充分翔实的论证。

◎ 如果你的行为导致了他人的伤亡，在什么条件下你不应该受到道德谴责？经过时间的推移，为什么你与 10 年前的那个你还是同一个人？所有这些哲学根本性问题的答案，你都可以在《人人都该懂的哲学》这本书中找到。

《直觉泵和其他思考工具》

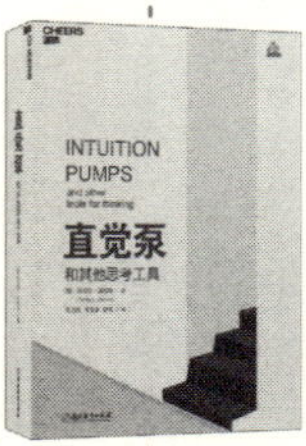

使用"湛庐阅读"App,
"扫一扫"获取本书更多精彩内
ISBN 978-7-5536-7459-

◎ 批评他人的正确姿势是怎样的？怎么做到既不"过少解释"、又不"惹恼行家"？《直觉泵和其他思考工具》集世界著名哲学家丹尼尔·丹尼特 50 年思考之精华，化繁为简、返璞归真，让你借助直觉的力量，不用数学就能思考难且复杂的问题。

◎ "直觉泵"是很有用的思考工具，作为一种思想实验，一个好的直觉泵比任何一种论证和分析都更为有力。这本书不仅带你去检验不合格的直觉泵，也让你理解好的直觉泵，更教你如何应用和制作直觉泵。

《表象与本质》

使用"湛庐阅读"App,
"扫一扫"获取本书更多精彩内
ISBN 978-7-213-08987-

◎ 我们的大脑是如何工作的？所谓的类比到底是什么？我们是怎么在截然不同的情景间建立起联系的？类比在学习的过程中发挥着怎样的作用？在爱因斯坦发现相对论的过程中，类比又扮演着怎样的角色？闻名世界的认知科学家侯世达凭借独特的智慧与天赋，联合法国心理学家桑德尔，终于向世人展示了这部极具开创性的著作，一解人类认知之谜。

◎ 人类大脑中的每个概念都源于多年来不知不觉中形成的一长串类比，这些类比赋予每个概念生命，我们在一生中不断充实这些概念。大脑无时无刻都在作类比。类比，就是思考之源和思维之火。

Critical Thinking：A Beginner's Guide by Sharon M. Kaye

First Published in the United Kingdom by Oneworld Publications

本书由 Oneworld Publications 在英国首次出版。

图书在版编目（CIP）数据

人人都该懂的批判性思维 /（加）莎伦 · M. 凯著；简丁丁译 .—杭州：浙江人民出版社，2019.12

书名原文：Critical Thinking

ISBN 978-7-213-09523-8

Ⅰ.①人… Ⅱ.①莎… ②简… Ⅲ.①思维方法－研究 Ⅳ.① B804

中国版本图书馆 CIP 数据核字（2019）第 237039 号

浙江省版权局
著作权合同登记章
图字：11-2019-270 号

上架指导：思维 / 通俗读物

人人都该懂的批判性思维

[加] 莎伦 · M. 凯　著
简丁丁　译

出版发行：浙江人民出版社（杭州体育场路 347 号　邮编　310006）
市场部电话：（0571）85061682　85176516
集团网址：浙江出版联合集团　http://www.zjcb.com
责任编辑：陈　源
责任校对：陈　春
印　　刷：天津中印联印务有限公司
开　　本：880mm × 1230mm 1/32　　印　　张：7.375
字　　数：132 千字　　插　　页：0
版　　次：2019 年 12 月第 1 版　　印　　次：2019 年 12 月第 1 次印刷
书　　号：ISBN 978-7-213-09523-8
定　　价：59.90 元

如发现印装质量问题，影响阅读，请与市场部联系调换。